径山茶宴

径山茶宴

总主编 金兴盛

浙江省非物质文化遗产代表作丛书

浙江摄影出版社

鲍志成 编著

浙江省非物质文化遗产
代表作丛书编委会

总 序

中共浙江省委书记
省人大常委会主任　夏宝龙

　　非物质文化遗产是人类历史文明的宝贵记忆，是民族精神文化的显著标识，也是人民群众非凡创造力的重要结晶。保护和传承好非物质文化遗产，对于建设中华民族共同的精神家园、继承和弘扬中华民族优秀传统文化、实现人类文明延续具有重要意义。

　　浙江作为华夏文明发祥地之一，人杰地灵，人文荟萃，创造了悠久璀璨的历史文化，既有珍贵的物质文化遗产，也有同样值得珍视的非物质文化遗产。她们博大精深，丰富多彩，形式多样，蔚为壮观，千百年来薪火相传，生生不息。这些非物质文化遗产是浙江源远流长的优秀历史文化的积淀，是浙江人民引以自豪的宝贵文化财富，彰显了浙江地域文化、精神内涵和道德传统，在中华优秀历史文明中熠熠生辉。

　　人民创造非物质文化遗产，非物质文化遗产属于人民。为传承我们的文化血脉，维护共有的精神家园，造福子孙后代，我们有责任进一步保护好、传承好、弘扬好非物质文化遗产。这不仅是一种文化自觉，是对人民文化创造者的尊重，更是我们必须担当和完成好的历史使命。对我省列入国家级非物质文化遗产保护名录的项目一项一册，编纂"浙江省非物质文化遗产代表作丛书"，就是履行保护传承使命的具体实践，功在当代，惠及后世，有利于群众了解过去，以史为鉴，对优秀传统文化更加自珍、自爱、自觉；有利于我们面向未来，砥砺勇气，以自强不息的精神，加快富民强省的步伐。

党的十七届六中全会指出，要建设优秀传统文化传承体系，维护民族文化基本元素，抓好非物质文化遗产保护传承，共同弘扬中华优秀传统文化，建设中华民族共有的精神家园。这为非物质文化遗产保护工作指明了方向。我们要按照"保护为主、抢救第一、合理利用、传承发展"的方针，继续推动浙江非物质文化遗产保护事业，与社会各方共同努力，传承好、弘扬好我省非物质文化遗产，为增强浙江文化软实力、推动浙江文化大发展大繁荣作出贡献！

（本序是夏宝龙同志任浙江省人民政府省长时所作）

前　言

浙江省文化厅厅长　金兴盛

要了解一方水土的过去和现在，了解一方水土的内涵和特色，就要去了解、体验和感受它的非物质文化遗产。阅读当地的非物质文化遗产，有如翻开这方水土的历史长卷，步入这方水土的文化长廊，领略这方水土厚重的文化积淀，感受这方水土独特的文化魅力。

在绵延成千上万年的历史长河中，浙江人民创造出了具有鲜明地方特色和深厚人文积淀的地域文化，造就了丰富多彩、形式多样、斑斓多姿的非物质文化遗产。

在国务院公布的四批国家级非物质文化遗产名录中，浙江省入选项目共计217项。这些国家级非物质文化遗产项目，凝聚着劳动人民的聪明才智，寄托着劳动人民的情感追求，体现了劳动人民在长期生产生活实践中的文化创造，堪称浙江传统文化的结晶，中华文化的瑰宝。

在新入选国家级非物质文化遗产名录的项目中，每一项都有着重要的历史、文化、科学价值，有着典型性、代表性：

德清防风传说、临安钱王传说、杭州苏东坡传说、绍兴王羲之传说等民间文学，演绎了中华民族对于人世间真善美的理想和追求，流传广远，动人心魄，具有永恒的价值和魅力。

泰顺畲族民歌、象山渔民号子、平阳东岳观道教音乐等传统音乐，永康鼓词、象山唱新闻、杭州市苏州弹词、平阳县温州鼓词等曲艺，乡情乡音，经久难衰，散发着浓郁的故土芬芳。

泰顺碇步龙、开化香火草龙、玉环坎门花龙、瑞安藤牌舞等传统舞蹈，五常十八般武艺、缙云迎罗汉、嘉兴南湖掼牛、桐乡高杆船技等传统体育与杂技，欢腾喧闹，风貌独特，焕发着民间文化的活力和光彩。

永康醒感戏、淳安三角戏、泰顺提线木偶戏等传统戏剧，见证了浙江传统戏剧源远流长，推陈出新，缤纷优美，摇曳多姿。

越窑青瓷烧制技艺、嘉兴五芳斋粽子制作技艺、杭州雕版印刷技艺、湖州南浔辑里湖丝手工制作技艺等传统技艺，嘉兴灶头画、宁波金银彩绣、宁波泥金彩漆等传统美术，传承有序，技艺精湛，尽显浙江"百工之乡"的聪明才智，是享誉海内外的文化名片。

杭州朱养心传统膏药制作技艺、富阳张氏骨伤疗法、台州章氏骨伤疗法等传统医药，悬壶济世，利泽生民。

缙云轩辕祭典、衢州南孔祭典、遂昌班春劝农、永康方岩庙会、蒋村龙舟胜会、江南网船会等民俗，彰显民族精神，延续华夏之魂。

我省入选国家级非物质文化遗产名录项目，获得"四连冠"。这不仅是我省的荣誉，更是对我省未来非遗保护工作的一种鞭策，意味着今后我省的非遗保护任务更加繁重艰巨。

重申报更要重保护。我省实施国遗项目"八个一"保护措施，探索落地保护方式，同时加大非遗薪传力度，扩大传播途径。编撰浙江非遗代表作丛书，是其中一项重要措施。省文化厅、省财政厅决定将我省列入国家级非物质文化遗产名录的项目，一项一册编纂成书，系列出版，持续不断地推出。

这套丛书定位为普及性读物，着重反映非物质文化遗产项目的历史渊源、表现形式、代表人物、典型作品、文化价值、艺术特征和民俗风情等，发掘非遗项目的文化内涵，彰显非遗的魅力与特色。这套丛书，力求以图文并茂、通俗易懂、深入浅出的方式，把"非遗故事"讲述得再精彩些、生动些、浅显些，让读者朋友阅读更愉悦些、理解更通透些、记忆更深刻些。这套丛书，反映了浙江现有国家级非遗项目的全貌，也为浙江文化宝库增添了独特的财富。

在中华五千年的文明史上，传统文化就像一位永不疲倦的精神纤夫，牵引着历史航船破浪前行。非物质文化遗产中的某些文化因子，在今天或许已经成了明日黄花，但必定有许多文化因子具有着超越时空的生命力，直到今天仍然是我们推进历史发展的精神动力。

省委夏宝龙书记为本丛书撰写"总序"，序文的字里行间浸透着对祖国历史的珍惜，强烈的历史感和拳拳之心。他指出："我们有责任进一步保护好、传承好、弘扬好非物质文化遗产。这不仅是一种文化自觉，是对人民文化创造者的尊重，更是我们必须担当和完成好的历史使命。"言之切切的强调语气跃然纸上，见出作者对这一论断的格外执着。

非遗是活态传承的文化，我们不仅要从浙江优秀的传统文化中汲取营养，更在于对传统文化富于创意的弘扬。

非遗是生活的文化，我们不仅要保护好非物质文化表现形式，更重要的是推进非物质文化遗产融入愈加斑斓的今天，融入高歌猛进的时代。

这套丛书的叙述和阐释只是读者达到彼岸的桥梁，而它们本身并不是彼岸。我们希望更多的读者通过读书，亲近非遗，了解非遗，体验非遗，感受非遗，共享非遗。

2015年12月20日

目录

序言 // PREFACE

　　天下名山僧占多,径山名寺出名山。余杭径山为浙西天目山的东北余脉,峻峭雄伟,气势非凡,苏东坡有"势若骏马奔平川"之句。唐天宝元年(742年),国一禅师法钦云游径山并结庵讲法,是为径山禅寺之开端,径山茶事也因法钦开山植茶供佛而肇始。

　　径山寺曾为江南五山十刹之首,径山茶宴是径山寺独特的茶会礼俗,以茶礼宾,以茶参禅,以茶播道,在不断发展中形成了内涵丰富、意境清高、程式规范的茶礼茶俗。漫漫一千二百多年,径山茶宴不仅蕴涵了博大精深的中华禅茶文化,而且成为日本茶道之源,具有展示中华文化伟大创造力的重要价值。2010年,径山茶宴被国务院列入国家级非物质文化遗产名录。

　　千百年来,径山茶宴因径山寺的兴衰而兴盛消退。20世纪80年代后,随着径山寺的重建和国际禅茶文化交流的日益发展,推动了径山茶宴的恢复与传承。当地热心径山文化研究的人士和国内外专家学者,对径山茶宴的历史、原型、特征和人文价值等作了广泛、深入的研究。特别是2008年以来,余杭区政府及文化主管部门和径山镇政府对保护、传承这一传统文化采取了一系列有效措施。投入资金扩建径山寺,深入开展径山茶宴历史渊源、表现形式、传承脉络等方面的调查，组织座谈研讨，制订保护传承规划，每年举办径山中国茶圣节，建立径山文化研究会，编写乡土教材等。径山镇在建设大径山国家乡村公园中，注重弘扬径山禅茶文化。径山寺作为径山茶宴的原生地，也组织开展恢复、演示工作。尤其可贵的是，径山民间许多有志于弘扬径山茶文化的人士，积极开展径山茶宴在社区、民间的展示活动，并取得了可喜成果。

鲍志成先生对径山茶宴的挖掘、恢复与弘扬做了大量卓有成效的工作，编著《径山茶宴》一书，是他再次对保护、传承和传播径山茶宴做出的重要贡献。

径山茶宴是余杭众多非物质文化遗产中特色浓郁的项目，是我国优秀传统文化宝库中的瑰宝。我们要始终不渝地保护、传承包括径山茶宴在内的非物质文化遗产，将非物质文化遗产融入时代、融入生活，让优秀传统文化成为推动余杭经济社会发展的强大精神动力。

杭州市余杭区文化广电新闻出版局局长　冯玉宝

2017年3月

一、概述

径山茶宴是我国古代独特的禅院茶会礼仪习俗的现代俗称，因盛行于南宋都城临安府余杭县（今杭州市余杭区）径山万寿禅寺为代表的江南临济宗寺院而得名。

一、概述

　　径山茶宴是我国古代独特的禅院茶会礼仪习俗的现代俗称，因盛行于南宋都城临安府余杭县（今杭州市余杭区）径山万寿禅寺（以下简称"径山寺"）为代表的江南临济宗寺院而得名。它起源于隋唐时期佛教僧侣的罗汉供茶和唐代中期兴起的士林茶会、茶

径山万寿禅寺（重建）

社,在宋元时期的江南禅院中作为清规纳入丛林管理和僧堂生活,成为禅僧日常修持的必修课而十分盛行,迄今已有一千二百余年的历史。

径山寺肇建于中唐,兴盛于宋元,是佛教禅宗临济宗的著名寺院。南宋时,径山寺为皇家功德院,雄踞江南禅院"五山十刹"之首,号称"东南第一禅院"。当时禅院法事、法会、内部管理、檀越应接和禅僧坐禅、供佛、起居,无不参用茶事、茶礼。举办或参与茶事法会、茶会茶礼,既是禅僧参禅修持和僧堂日常修习的重要内容和基

径山图(清《嘉庆余杭县志》)

本形式之一，也是佛门禅院与世俗大众结缘交流的重要方式。

现代通常所说的径山茶宴，主要是指径山寺接待名山住持、高僧大德、耆旧尊宿、宰执郡守等上宾时的大堂茶会，环境清雅，堂设威仪，主躬客恭，庄谨宁和，礼仪严谨备至，程式规范有序，体现了禅院清规和茶艺、礼仪的完美结合，在代相传习中形成了品格高古、清雅绝伦、禅茶一体、僧俗圆融的独特的艺术风格，堪称我国源远流长、博大精深的禅茶文化的经典样式和至尊瑰宝。

宋元时期，随着中日禅僧的往来交流和求法取经活动，径山等地的禅院茶会礼仪作为禅院清规戒律和僧人修习方式被完整移植

径山的摩崖石刻

到日本禅宗寺院，后来逐渐发展演变为影响广泛、风格独具的现代日本茶道。明清以降，随着径山寺的式微和佛教世俗化、社会化的加深，径山茶宴通过居士信众传播到世俗社会，并逐渐演化为近世以来广为流行的各类茶话会。茶文化界公认，径山茶宴是日本茶道和近现代茶话会的共同渊源。

茶禅同源，禅茶交融，茶禅同体，禅茶一味。径山茶宴承载着历史、文化、艺术、民俗、科学、工艺等丰富的信息，蕴含着宗教、哲学、审美等深刻的文化内涵，具有禅茶、礼仪、诗文、书画、工艺、园林、建筑等多方面的研究价值。保护径山茶礼习俗，对传承传统文化、发展文化旅游、促进对外交流，都有着重要的现实意义和国际影响。

晚清以来，径山寺日渐衰落，径山茶宴逐渐失传，处于濒危状态，抢救和保护迫在眉睫。20世纪80年代以来，在余杭当地政府的高度重视下，各界有识之士在收集、整理史料，研究禅茶文化历史，探索、恢复径山茶宴礼俗等方面取得了一定的进展。

径山茶宴分别于2005年和2009年被列入余杭区和浙江省非物质文化遗产名录。2011年，径山茶宴列入第三批国家级非物质文化遗产名录。近年来，中日禅茶界对广义的禅院茶礼进行了深入探讨，对复原或恢复径山茶宴作了有益的尝试，接近宋元禅院茶会茶礼原真性的国家级"非遗"项目径山茶宴面向公众的展示、陈列指日可待，这一古老的禅茶文化将重获新生，熠熠生辉。

[壹]径山茶宴的起源

我国是茶的原生地，也是茶文化的发祥地。在东汉末年佛教传入我国中原地区前后，西南、江南一带已经普遍种茶、饮茶。魏晋至隋唐之间，佛教开宗立派，开始与中国社会、文化相适应。尤其是天台宗、禅宗寺院和僧人认识到茶对修行参悟的妙用，开始在法事、修习活动中参引茶事，以茶供佛，饮茶提神，逐渐形成了罗汉供茶、僧人坐禅饮茶提神的佛门茶风。

唐代中期以后，得陆羽《茶经》推波助澜，饮茶之风大行天下，禅僧、士林及宫廷的茶宴、茶会、茶社开始兴起。到宋代，福建建州北苑团茶作为皇家贡茶名冠天下，饮茶的方法也从唐代时的以"烹"为主变为以"点"为主，斗茶之风盛行于朝野。与此同时，随着

魏晋时期砖画《宴饮图》

唐《韩熙载夜宴图》（局部）

唐墓壁画《宴饮图》

唐阎立本《萧翼赚兰亭图》(局部)

禅宗临济宗在江南地区的兴盛和佛教的世俗化,僧人在坐禅修持、僧堂仪轨和接待檀越、交接信众的过程中,在禅院以茶供佛、以茶参禅的基础上,参引社会上流行的各种茶会、茶宴,在普请法事、僧堂管理和僧寮生活中参用茶事,将各种名目形式、大小不等的茶会、茶礼纳入禅院清规和僧堂生活之中,成为禅僧日常修习和法事的重要内容和形式之一,并形成一整套严格的礼仪程式,径山茶宴应运而生。

(一)"茶宴"名称的由来

"茶宴",顾名思义,是一种以茶作为主题的宴饮形式,是我国古代独特的宴饮礼俗。"宴"字从宀（mián），晏（yàn）声。"宀"表示房屋，"晏"是"安"的意思。《说文解字》中解释："宴，安也。"《周易·需》中有"君子以饮食宴乐"，郑注云："宴，享宴也。""宴会"的本义是会聚宴饮，即请人聚会，在一起吃饭喝酒，故常与"筵席"同义。茶宴起源于佛教禅宗以茶供佛和以茶参禅的修持法事，融合了士林茶事宴会和民间茶礼祭祀等形式，完善于禅院茶会而盛行于宫廷、士林、禅院、市井，在唐宋时期风靡天下，炽盛一时。

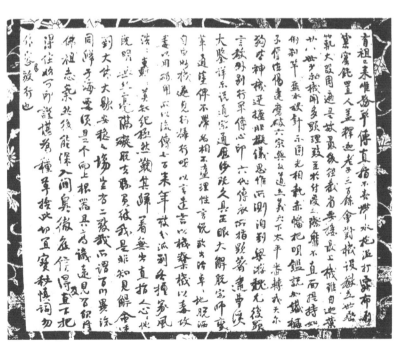

圆悟克勤写给虎丘绍隆的《印可状》被认为是"禅茶一味"思想的渊源

一鋪並二真人仙童仙女夾侍闕　供養其□祥

風暫息瑞雲便停香燭氤氳□□明朗神靈祉吉祥事

畢故刻石記時勒名題□　　専當齋并檢校

專當官宣義郎行博城縣丞公孫闕

像官博城縣主簿登仕郎董仁智　都檢校官承議郎

兖州大都督府户曹參軍王果

第二層

欽定四庫全書▲求古錄

大唐神龍元年歲次乙巳三月庚辰朔廿八日丁未大

道觀法師阮孝波道士劉思禮品官楊嘉福李立本

等奉勅于岱岳觀建金籙寶齋　九人九日九夜行道

并設醮投龍功德既畢以本命鎮綵等物奉為皇帝皇

后敬造石　真萬福大學像一鋪

檢校尚書駕部郎中使持節都督兖州諸軍事兼兖州

刺史侍御史元　本州團練使任要貞元十四年止月

十一日立春登嶽遂登太平頂宿其年十二月廿一日

立春冉來致祭茶宴于兹

《四库全书·求古录》中有关唐朝人泰山祭祀"茶宴于兹"的记载

以茶为食、以茶为药始于新石器时代，以茶代酒作为祭品也早在西周成王时举行的邦国丧礼中开始了，但这些都只能说是与茶有关的早期茶事，还不能说是茶宴的雏形。直到魏晋以降，"茶宴"一词才出现于文献记载中。成书于公元454年前后的南朝刘宋山谦之的《吴兴记》中提到："每岁吴兴（湖州）、毗陵（常州）二郡太守采茶宴会于此。"这是"茶宴"一词首次出现在文字中。但是，这里的"茶宴"并非一个独立的词，而是"采茶"与"宴会"的组合。实际上，这是因茶事活动如采茶而举行宴会的一种宴饮聚会形式，当地类似的茶事宴会活动一直延续至唐代仍在举办。唐代大诗人白居易在《夜闻贾常州崔湖州茶山境会亭欢宴》中写道："遥闻境会茶山夜，珠翠歌钟俱绕身。盘下中分两州界，灯前合作一家春。青娥递舞应争妙，紫笋齐尝各斗新。自叹花时北窗下，蒲黄酒对病眠人。"诗中的"紫笋"是唐代贡茶，产于江苏常州阳羡（今宜兴）和浙江湖州顾渚（在今长兴），每年春天新茶开摘之际，两地郡守都要按照惯例在两州分界处茶山境会亭举办茶事宴会，品评新茶，相互媲美。茶宴时钟鼓齐鸣，妙龄茶女头戴珠翠，争相献歌跳舞，让人如痴如醉，其乐无穷。因病不能前去参加的白居易听到这个消息，不免有些失落感。

　　到了唐代中期，茶道大行，上自权贵，下至百姓，都尚茶当酒，真正的茶宴应运而生。茶宴的正式记载见于钱起的诗作《与赵莒茶宴》。钱起为"大历十才子"之一，天宝十年（751年）进士，他曾与赵莒一起在竹林品"茶宴"，但不像"竹林七贤"那样狂饮，而是以茶代酒，聚首畅谈，洗净尘心，在蝉鸣声中谈到夕阳西下。钱起为记此盛事，写下《与赵莒茶宴》，诗云："竹下忘言对紫茶，全胜羽客醉流霞。尘心洗尽兴难尽，一树蝉声片影斜。"（《钱仲文集》卷十）类似的风雅茶宴在唐代开始流行，多见于诗歌。顾炎武《求古录》中收录的《唐岱岳观碑题名》，有贞元十四年（798年）十二月廿一"立春再来致祭，茶宴于兹"之语，此"茶宴"或为当时人的祭祀仪式，有别于文士雅集之类的茶宴活动。此外，宫廷茶宴也华丽登场，盛况空前。顾况《茶赋》写出了宫廷举行茶宴的盛况，《宫乐图》则呈现了唐代宫女茶宴娱乐的华丽场景。

五代十国时期，茶宴兴盛不衰，并出现以茶宴饮结社聚会的组织。如有记载说文学家和凝与朝廷同僚"递日以茶相饮"，轮流做东，同事互请喝茶，并且"味劣者有罚"，时称"汤社"。到了宋代，饮茶之风尤盛，茶宴遍行朝野，君王有曲宴点茶畅饮之例，百姓有茶宴品茗斗试之举。当时，武夷山一

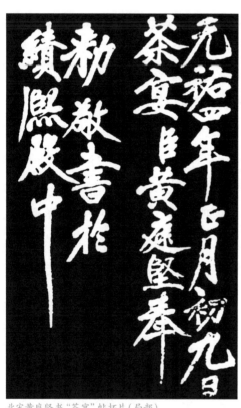

北宋黄庭坚书"茶宴"帖拓片（局部）

些寺院流行茶宴，名流学者往往慕名前往。朱熹在武夷山创建武夷精舍，蛰居武夷，著书立说，以茶会友，以茶论道，以茶穷理，常与友人以茶代酒，或宴于泉边，或宴于竹林，或宴于岩亭，或宴于溪畔。"仙翁留灶石，宛在水中央。饮罢方舟去，茶烟袅细香"。他曾与友人赴开善寺茶宴，与住持圆悟交往甚笃，经常品茶吟哦，谈经论佛。

圆悟圆寂，朱熹唁诗云："一别人间万事空，焚香瀹茗恨相逢。"常孔延《会稽掇英总集》卷十四中有《松花坛茶宴联句》《云门寺小溪茶宴怀院中诸公》，描述文人茶宴吟诗对联的雅集。而宫廷茶宴亦兴盛一时，黄庭坚的《元祐四年正月初九日茶宴和御制元韵》诗帖，记录的正是其参加茶宴的经历，中有保存至今最早的"茶宴"手迹。宋徽宗精于茶事，撰写了《大观茶论》，他常亲自烹茶，赐宴群臣，现存《文会图》相传即出自徽宗之手，描绘的是宫廷茶宴的情景。户部尚书蔡京在《太清楼侍宴记》《保和殿曲宴记》《延福宫曲宴记》中都记载了徽宗皇室宫廷茶宴的盛况。蔡京在《延福宫曲宴记》中写道："宣和二年十二月癸巳，召宰执亲王等曲宴于延福宫。上命近侍

宋《文会图》（局部）

取茶具，亲手注汤击拂，少顷，白乳浮盏面，如疏星淡月，顾诸臣曰：此自布茶。饮毕皆顿首谢。"

宋代盛行斗茶，又称"茗战"，凡参加斗茶的人都要献出好茶，轮流品尝，以决胜负。范仲淹《斗茶歌》中有"北苑将期献天子，林下群豪先斗美"之句。当时，凡名茶产地都有斗茶习俗，丰富了茶宴游艺活动。至于名山寺院，煎茶敬客之礼由来已久，在宋代江南禅院，举办茶宴，以茶待客、以茶论道之风十分盛行。

明清以后，随着饮茶方式的变革，茶宴逐渐式微，但在宫廷、寺院和士林中，茶宴余风一直代有传承。明高启《大全集》卷十二《圆明佛舍访吕山人》中有"茶宴归来晚"句，说明寺院茶宴仍在流传。明中期后，径山茶事鲜见史载，而在径山周遭的杭州寺院，茶宴变成茗会，仍在举办，如"理安寺衲子，每月一会茗"（《理安寺志》）。清朝皇室内廷宴享和款待外国使节也无不参以茶宴，且皆以茶为先，品在酒水之上。乾隆皇帝每年正月初五于重华宫"茶宴廷臣"，"延诸臣入列坐左厢，赐三清茶及果饤合，诗成传笺以进"，乃宫廷雅集（《御制诗三集》）。

古代茶宴源于禅僧以茶供佛、以茶参禅和权贵、士林、民众以茶宴饮、雅集聚会，发源于汉唐而大兴于两宋，式微于明清。茶宴的形式因事、因客而异。按举办者主体分，有宫廷茶宴、士林茶宴、禅院茶宴、民间茶宴等。按举办事由分，有朝廷庆贺、士林雅集、僧侣修持、民间祭祀等。按内容形式分，有品茗会、茶果宴、分茶宴。品茗会纯粹品茶，以招待社会贤达为主；茶果宴，品茶佐以茶果，以亲朋故旧相聚为宜；分茶宴才是真正的茶宴，除品茶之外，辅以茶食。

至近代，古代茶宴率先在上海演变为商务茶会，成为商人们以茶聚会、进行商务洽谈的一种活动。后来，这种茶会进一步走向社会大众，逐渐演变为至今仍广为流行的茶话会。20世纪末以来，各种名目的以茶为主料入菜或以茶事为主题的新式茶宴，如东坡茶宴、西湖茶宴、龙井茶宴等花样迭出，可谓古老茶宴适应现代社会需要的新形态。

（二）径山茶宴的起源

茶的发现和利用起源于原始采集经济时代。在新石器时代漫长的历史时期，茶经历了茶食同源、茶药同源，并最终从食物、药物中分离出来的过程。

传说中的上古三皇五帝之一神农氏，其部族居住在南方炎热之地，因以火德为王，故而称为"炎帝"。他继女娲后为天下共主，相传是农耕和医药的发明者。"神农尝百草"是著名的中国古代汉族神话传说。东汉的《神农本草经》中记载："神农尝百草，日遇七十二毒，得荼乃解。""荼"即"茶"字的前身。神农氏以茶解毒的传说有三种说法。

一是神农为研究百草的特性和功能，在采集过程中，必亲自尝嚼，以辨其味，以明其效。一次，他吃下了有毒植物，感到头昏眼花，口干舌麻，全身乏力，于是躺卧在大树下休息。一阵风过，树上落下片片绿叶，神农信手放入口中咀嚼，感到味虽苦涩，但舌根生津，麻木渐消，头脑清醒。于是他将它采集回家研究，发现它果然有解毒功效，因而定名为"茶"。

二是神农常亲自将采集的草药煎熬为人治病。一日，正准备煎药之时，忽有树叶落入锅中，但见汤色渐黄，清香散发，饮之其味虽苦却回味甘甜。当时神农正肚痛腹泻，于是趁热喝了两大碗。说也奇怪，马上他肚子不痛了，腹泻也止住了，且精神振奋，从而发现茶有解渴、止泻、解毒、提神等作用。

三是神农得天独厚，生来就有一个水晶般透明的肚子，什么东西在肚子里活动都能看得一清二楚。有一次，神农发现肠胃中出现块块黑斑，同时舌麻口干，胸闷气急，他就随手把一种树叶放入嘴中咀嚼吞食。叶汁在肚子上下游动，所到之处，黑斑顿消，人也感到舒服起来。这种树叶汁水，像巡逻兵一样在肚子里查来查去，直到把黑斑消灭光。神农意识到，黑斑、舌麻等就是中毒的表现，而这种树叶有解毒的特效，因此形象地把它叫作"查"，之后逐渐演变为"茶"字。

神农尝百草多次中毒，多亏了有茶解毒，于是他誓言要尝遍所有的草，最后因尝断肠草而逝世。人们为了纪念他的恩德和功绩，奉他为药王神，并建药王庙四时祭祀。在我国川、鄂、陕交界地带的山区，传说是神农尝百草的地方，故被称为"神农架"。传说寄托了人们对神农的崇敬和怀念，也反映了"药食同源"的历史渊源。从这个意义上说，茶本来就是饮食的一部分，是人类食物链中的主角之一。

"宴会"起源，一般认为与原始宗教起源的祭祀活动有关，并在夏、商、周三代祭祀和礼俗的影响下发展演变而来。我国作为礼仪之邦、文明古国，自古各种形式的宴会名目繁多，如百官宴、大婚宴、千叟宴、定鼎宴等。在形式各异的众多宴会中，客来敬茶是必不可缺的礼节，茶成为宴饮聚会过程中不可或缺的角色，而茶宴更是一种以茶事活动的名义宴饮宾客，或以茶作为主要食品的待客宴饮形式，具有区别于一般宴饮活动的鲜明特点和风格。

最早以茶代酒祭祀或宴飨的，是在周文王、周武王时期。公元前1066年，周武王在"伐纣会盟"时，有南方八个小国将部落子民药用的茶作为礼品献给武王，武王用茶设宴，以茶代酒，招待各路诸侯（参见吴觉农《四川茶史话·前言》援引《商书·酒诰》）。晋人常璩的《华阳国志·巴志》中也有记载，武王伐纣时巴蜀一带就产茶并入贡，这些茶是专门有人培植的茶园里的香茗，是在邦国丧礼时用来当祭品的；还设有二十四人之多的"掌茶"之职，其职掌是"以时聚茶，以供丧事"，原因是商朝因酗酒亡国，周朝为汲取教训，天下禁酒，而之所以以茶来替代酒，"取其苦也"（《周礼·地官司徒》）。
周成王时，就以茶作为祭品之用（《尚书·顾命》中载："王（指周成
王）三宿、三祭、三诧（即茶）。"）。在《诗经》中，"荼"字也屡屡出
现在《谷风》《桑柔》《鸱鸮》《良耜》《出其东门》等诗篇中。《晏
子春秋》载："晏子相景公，食脱粟之饭，炙三弋五卵，茗菜而已。"
《尔雅》释"苦荼"云："叶可炙，作羹饮。"这说明早在三千年前的
西周，茶既为贡品、祭品，也是日常羹饮食品。

作为我国古代一种独特的宴饮礼俗，茶宴源于魏晋时期，兴于
中唐，盛于两宋，式微于明清。在魏晋时期，一方面在丧礼、祭祀及
宫廷宴饮中以茶代酒。如三国东吴的第四代国君孙皓嗜好饮酒，每
次设宴，来客至少饮酒七升，但他对博学多闻而酒量不大的爱卿朝
臣韦曜甚为器重，常常破例，每当韦曜不胜酒力时，便"密赐茶荈以
代酒"（《三国志·吴志·韦曜传》）。另一方面，在士林权贵中开始以
茶果招待宾客。如东晋吴兴郡太守陆纳，以俭德著称于世。一次，卫
将军谢安去拜访他，陆纳备下茶果素席招待他。陆纳的侄子陆俶知
道后颇为不满，便自作主张以丰盛菜肴招待谢安。宴毕客人一走，陆
纳愤而责问陆俶："汝既不能光益叔父，奈何秽吾素业？"并打了侄
子四十大板，狠狠教训了他一顿（陆羽《茶经》转引晋《中兴书》）。
而更为值得关注的是，随着佛教在中国的传播，禅僧发现饮茶的妙
用，开始在礼佛坐禅中供茶、饮茶，从而使饮茶风习在寺院普及开

来。晋敦煌人单道开好隐栖，修行辟谷，"不畏寒暑，常服小石子，所服药有松、桂、蜜之气，兼服茶苏而已"。所谓"茶苏"，是一种用茶和紫苏调剂的饮料；一说"屠苏"，指以花草煎制的茶饮汤剂。七年后，他冬能自暖，夏能自凉，昼夜不卧，一日可行七百余里。后来他移居河南临漳县昭德寺，设禅室坐禅，以饮茶驱睡。最后他入广东罗浮山，百余岁而卒（陆羽《茶经·七之事》引《晋书·艺术传》）。两汉魏晋南北朝是佛教初传时期，从那时开始，茶与禅结缘，许多寺院开山种茶，寺僧采制后供佛礼佛，自饮坐禅，形成了天台山罗汉供茶这样的佛门茶礼，也为唐代以后禅宗寺院以茶参禅之风的盛行开启了先河。

佛教界流传着这样一个故事：达摩祖师在少林寺面壁九年期间，由于想追求无上觉悟心切，夜里不睡觉，也不合眼，以致过度疲劳，眼皮沉重到睁不开眼，昏昏欲睡。为了保持清醒，达摩祖师毅然把眼皮撕下来，丢在地上。不久之后，眼皮丢弃的地方长出一株叶子翠绿的矮树丛，树叶成对铺开，像眼睛的形状，两边的锯齿像睫毛。达摩从这棵树上采下叶子，吃了以后提神醒脑，终于修成正果。从此以后，禅僧们打坐参禅都采茶食用，以驱除睡魔，于是都精神倍增，不再犯困了。这则故事恰好印证了茶的妙用与禅修结合的事实。

禅宗坐禅讲究凝神屏虑，以达到无欲无念、无喜无忧、梵我合一的境界。为防止未入禅定先入梦寐，需要饮茶提神。茶之所以和佛教特别是禅宗结下不解之缘，原因可能是多重的，但最主要的是因为茶有兴奋中枢神经、驱除疲倦的功能，从而有利于禅僧清心坐禅修行。禅宗的修行者坐禅时除选择寂静的修行环境外，还特别强调"五调"，即调食、调睡眠、调身、调息、调心。饮茶往往能够达到"五调"的修行要求，因此，禅宗僧众尤尚饮茶，饮茶习俗首先在佛门得到普及。唐人封演《封氏闻见记》中记载："唐开元中，泰山灵岩寺有降魔师，大兴禅教，学禅务于不寐，又不夕食，皆许其饮茶，人自怀挟，到处煮饮，从此转相仿效，遂成风俗。"百丈怀海（724—814）重视坐禅，也重视饮茶，别建"禅居"作为道场，创立"普请法"，以茶入礼，又制定《百丈清规》，其中多处规定僧堂集会时饮茶的仪式。

在传授法义、开启法门、接引僧俗等方面，临济宗有一系列独特的手法，如临济喝、德山棒、云门饼、黄龙三关、赵州茶等。这当中又以"赵州茶"为人所津津乐道。相传唐代赵州和尚从谂曾问新到的和尚："曾到此间？"和尚说："曾到。"从谂说："吃茶去。"又问另一个和尚，和尚说："不曾到。"从谂说："吃茶去。"院主听到后问："为甚曾到也云'吃茶去'，不曾到也云'吃茶去'？"从谂呼院主，院主应诺，从谂说："吃茶去。"从谂均以"吃茶去"来引导弟子领悟禅的奥义（参见《五灯会元》之《南泉普愿禅师法嗣赵州从谂禅师》）。一句"吃茶去"，成为佛门茶界千百年来参不破的"公案"，后来被用为典故，茶学界一般以"赵州茶"为禅茶之源。

在寺庙里长大、被后世尊奉为"茶圣"的陆羽，撰著了中国也是世界历史上第一部茶书《茶经》，系统地阐述了唐及唐以前茶的历史、产地、栽培、制作、煮煎、饮用及器具等，对后世中国茶文化（包括寺院茶礼）产生了深远的影响，并被世界各国茶人共同尊奉为最高的茶学经典。与陆羽为忘年交的诗僧皎然在《饮茶歌诮崔石使君》中写道："一饮涤昏寐，情思朗爽满天地。再饮清我神，忽如飞雨洒轻尘。三饮便得道，何须苦心破烦恼……孰知茶道全尔真，唯有丹丘得如此。"诗中两次出现"茶道"一词。在此禅风、茶风交相炽盛的背景下，茶道大行天下，各种形式的茶宴推陈出新，竞相出现。

唐代饮茶之风主要流行于当时的上层社会和禅林僧侣之间，形成了独特的表现形式和审美趣味。这种所谓的"茶道"主要是以茶宴、茶礼的形式表现出来的。在良辰美景之际，以茶代酒，辅以点心，请客作宴，成为当时的佛教徒、文人墨客以及士林（尤其是朝廷官员）清雅绝俗的一种时尚。当时诗人名士有关茶宴饮乐之类的风雅韵事，在唐诗中不胜枚举。如侍御史李嘉祐的《秋晚招隐寺东峰茶宴送内弟阎伯均归江州》中有"幸有香茶留稚子，不堪秋风送王孙"。诗人鲍君徽在《东亭茶宴》中也说："坐久此中无限兴，更怜团扇起清风。"户部员外郎吕温在《三月三日茶宴序》中写道："三月三日上巳，禊饮之日也，诸子议以茶酌而代焉。乃拨花砌，憩庭荫，清风逐人，日色留兴。卧指青霭，坐攀香枝，闻莺近席而未飞，红蕊拂衣而不散，乃命酌香沫，浮素杯，殷凝琥珀之色，不令人醉，微觉清思，虽玉露仙浆，无复加也。"对茶宴作了生动的描绘。

随着佛教的逐步中国化和禅宗的盛行，中唐以后饮茶与佛教的关系进一步密切。特别是在南方地区的许多寺院里，甚至出现了无寺不种茶、无僧不嗜茶的禅林风尚。而茶宴、茶礼在僧侣生活中的地位和作用也日渐提高，饮茶甚至被列入禅门清规，被制度化。唐代百丈怀海禅师的《百丈清规》虽已失传，但从后世作为禅门规式的《禅苑清规》中，不难发现茶礼、茶会已经成为唐宋以来中国禅僧修行生活必要的组成部分。到了宋代，随着禅宗的盛行，以及种茶区域日益扩大，制茶方法不断创新，饮茶方式也随之改变，茶会、茶汤会之风在禅林及士林中更为流行。当时几乎所有的禅寺都会举行茶会，其中最负盛名且在中日佛教文化、茶文化交流史上影响最为重要的，当推径山茶宴。

径山茶宴因起源、盛行于径山寺而得名。早在唐天宝四年（745年），国一法钦禅师就来到这里结庐开山，使之成为"绝胜觉场"。到大历三年（768年），唐代宗下诏杭州，在法钦开山所建之庵处建径山禅寺，该寺被列为皇家官寺；乾符六年（879年），被改为"乾符镇国院"；北宋大中祥符年间（1008—1016），被改赐为"承天禅院"；政和七年（1117年），被改为"能仁禅院"。径山寺原属"牛头禅"，南宋建炎四年（1130年）兴临济宗，从此该寺法脉绵延，香火兴旺，成为中国佛教禅宗临济宗的重要道场。绍兴年间（1131—1162），大慧妙喜禅师宗杲住持，衲子云集，乃建千僧阁，有妙喜庵。孝宗御书题额"径山兴圣万寿禅寺"，显仁皇太后、高宗曾游幸，赏赐优厚。乾道四年（1168年），建龙游阁，成为皇家功德院，时列江南禅院"五山十刹"（"五山"即径山、灵隐、净慈、天童、阿育王五大丛林）之首，殿宇辉映，楼阁林立，僧众三千，梵呗不绝，时有"东南第一禅院"之称。元明时期，径山寺屡毁屡建，清康熙四十四年（1705年），康熙皇帝赐名"香云禅寺"。吴越国国王钱镠、宋徽宗、高宗、孝宗及清康熙帝都曾游幸径山，白居易、苏东坡、范仲淹、陆游、徐渭、龚自珍等文化名人也曾游览径山，留下许多名篇华章、逸闻佳话，造就了融名山名寺、高僧名士、禅学茶艺、诗文书画于一体的径山文化。晚清民国时期，径山寺破落。到改革开放前夕，径山寺仅存钟楼、南宋孝宗御书碑、元历代祖师名衔碑及明代永乐大钟、铁佛等文物。1983年以后，每年有日僧数批来径山寺朝拜寻宗。1997年4月，径山寺在原址修复落成，定名"径山万寿禅寺"。2008年，按南宋时径山寺盛况开始实施复建工程。2010年10月21日，径山寺复建工程奠基开工。径山寺高僧大德辈出，法脉香火不绝，从开山建寺至今传灯一百二十一代。

径山茶宴是我国古代禅院茶会、茶宴礼俗的存续和传承。自唐代径山寺开山之祖法钦禅师植茶采以供佛，径山茶宴就粗具雏形。据清《嘉庆余杭县志》记载，径山"开山祖钦师曾植茶树数株，采以供佛"，这就是径山茶事的起源。当时禅僧修持的主要方法之一是坐禅，要求清心寡欲，离尘绝俗。静坐习禅的关键在调食、调睡眠、调身、调息、调心，而茶的提神醒脑、明目益思等功效正好满足了禅僧的特殊需要。于是，饮茶之风在禅僧中广为流传，进而在"茶圣"陆羽、高僧皎然等人的大力倡导下在社会上普及开来，"茶道大行，王公朝士无不饮者"。陆羽当年考察江南茶事时，相传就曾在径山东麓隐居，撰著《茶经》，留下至今尚存的陆羽泉等胜迹（在今杭州市余杭区双溪镇）。

宋元时期，径山茶宴作为普请法事和僧堂仪轨被严格规范下来，并被纳入《禅苑清规》，达到了禅门茶礼仪式和茶艺习俗的经典样式，并发展到鼎盛时期。两宋时期，品茗斗茶蔚然成风，制茶工艺、饮茶方法推陈出新，茶会、茶宴成为社会时尚。特别是在南宋定都临安（今杭州）后，径山寺的发展进入鼎盛时期。南宋初，径山寺从原来传承的唐代"牛头禅"改传临济宗杨岐派。在北宋时光耀禅门的高僧圆悟克勤的法裔到南宋时大德辈出，其中尤以径山寺大慧宗杲、密庵咸杰、无准师范、虚堂智愚等最为著名，其法脉弟子遍布江南禅林和东瀛日本。当时的径山寺在朝廷的御封和赏赐下实力大增，规模恢宏，"楼阁二千五峰回"，常住僧众达三千多，法席兴隆。南宋后期，朝廷评定天下禅院，径山寺位居"五山十刹"之首。史载"径山名为天下东南第一释寺"，"天下丛林，拱称第一"（宋楼钥《径山兴圣万寿禅寺记》、元家之巽《径山兴圣万寿禅寺重建碑》），被称为"东南第一禅院"。由于径山近在都城，往来便捷，上自皇帝权贵，下至士林黎民，无不上山进香。宋孝宗曾多次召请径山住持入大内请益说法，御赐寺田、法具，敕封名号，荣宠备至，恩渥有加，并御驾亲临，书"径山兴圣万寿禅寺"巨碑，至今尚存。

随着径山寺的兴盛，径山茶宴的仪式规程作为禅院法事、僧堂仪轨被严格地以清规戒律的方式规范了下来，被纳入《禅苑清规》之中，成为重要的组成部分。从唐代的《百丈清规》到宋元时的《禅苑清规》，清规戒律一脉相承，茶会、茶礼视同法事，其仪式氛围的庄严性、程式仪轨的繁复性，都达到了无以复加的地步，具备了佛门茶礼仪式的至尊品格和茶艺习俗的经典样式。

根据《禅苑清规》及流传日本的《茶道经》等记载，径山茶宴作为以临济宗为主的江南禅宗寺院盛行的清规和茶礼，在禅院里是按照普请法事、法会的形式来举办的，是每个禅僧日常的必修课和基本功。在临济宗派系法脉的传承过程中，径山茶宴的法事形式、程式仪轨以及茶堂威仪、茶艺技法，都通过僧堂生活口耳相传、代相传习下来，而且茶宴和茶道具被当作传法凭信传承、传播开来。

[贰]径山茶宴的兴衰

(一)径山茶宴的兴盛

赵州和尚从谂的"吃茶去",可谓径山寺传承的临济宗的僧堂传统和参禅法门(《径山志》卷二"列祖"第三十七代住持偃溪广闻语)。宋元时期,临济宗在江南地区大行其道,几乎占据了佛门的大

南宋刘松年《撵茶图》(局部)

半丛林，时有"儿孙遍天下"之说。其法系所出大多为径山大慧派，史载"宗风大振于临济，至大慧而东南禅门之盛，遂冠绝于一时，故其子孙最为蕃衍"（黄绾《元叟端禅师塔铭》，《径山志》卷六"塔铭"）。南方地区盛产名茶，且多在名山古刹，这为禅与茶结下不解之缘创造了条件。

禅宗自初祖菩提达摩，经二祖慧可、三祖僧璨、四祖道信、五祖弘忍之后，分为六祖慧能的南宗禅及神秀的北宗禅。其中，北宗禅主张渐悟，不久即衰落；南宗禅主张顿悟，在中唐以后渐兴，成为禅宗主流，晚唐五代时期传衍出五家七宗。五家七宗又称"五派七流"，即临济宗、曹洞宗、沩仰宗、云门宗、法眼宗等五家，加上由临济宗分出的黄龙派和杨岐派，合称为"七宗"。唐宋时期尤以临济宗为盛，入宋之后黄龙派日渐衰微，杨岐派一枝独秀。杨岐派以临济宗第七世石霜楚圆之弟子杨岐方会禅师（992—1049？）为开宗者，

如今径山寺僧人仍然保持着坐禅饮茶的传统

元赵孟頫《琴棋书画》(局部　日本德川美术馆藏)

方会在今江西省萍乡市杨岐山普通寺，举扬临济、云门两家宗风，接化学人，门庭繁茂，蔚成一派，人称其宗风如虎，与同门慧南禅师之黄龙派并立。方会门下有十三人，以白云守端、保宁仁勇为上足。白云守端下有五祖法演，住黄梅五祖寺，名震全国，人称"五祖再世"。其门下俊秀辈出，如人称"三佛"的佛眼清远、佛果（圆悟）克勤、佛鉴（太平）慧，又有五祖表白及天目齐、云顶才良等。清远三传至蒙庵元聪，有日本泉涌寺僧俊芿来其门下受学，回国后，开日本杨岐派之首端。日本禅宗二十四流中，有二十流源自杨岐派。佛果克勤编有《碧岩录》闻名于世，法嗣七十五人。其门下以大慧宗杲、虎丘绍隆最为著名。佛果克勤的门下有黄梅籍僧人应庵昙华禅师，大振杨岐派于苏浙，是临济正脉宗统第十七代宗师。宋以后，恢复临济宗的旧称，几乎囊括临济宗之全部道场，成为中国禅宗的代表。

大慧宗杲（1089—1163）为径山寺第十三代住持，开创了"看话禅"，宗风广被，影响深远。到第二十五代住持密庵咸杰（1118—1186），门下英才辈出，道法广布东南。其中以灵隐寺的松源崇岳、卧龙寺的破庵祖先、荐福寺的曹源道生三哲最为杰出。密庵的禅门以松源派、破庵派、曹源派三大门流为主力，将杨岐派推向了顶峰，与大慧系的诸贤并肩齐肘，成为南宋临济宗的主流。密庵咸杰门下三系及再传弟子，都对杭州径山禅茶文化的形成、发展与传播做出了杰出的贡献。

宋《十八学士图》中的书童点茶

　　在密庵咸杰传世《语录》的后录《偈颂》中，收录有《径山茶汤会首求颂二首》。其一："径山大施门开，长者悭贪俱破。烹煎凤髓龙团，供养千个万个。若作佛法商量，知我一床领过。"其二："有智大丈夫，发心贵真实。心真万法空，处处无踪迹。所谓大空王，显不思议力。况复念世间，来者正疲极。一茶一汤功德香，普令信者从兹入。"这是迄今发现的南宋径山寺有关寺院茶事的唯一明确而直接的文字记载。

　　从这两首偈颂可解读出丰富的径山茶会信息。首先从题目看，寺里举行的茶会名为"径山茶汤会"，而不是时下流行的所谓"径山茶宴"。这里没有说是"茶会""茶礼"，而说是"茶汤会"，与《禅苑清规》中的僧堂茶事名称相一致。其次，这两首偈颂是密庵咸杰和尚应一次"径山茶汤会"的"会首"请求而作，这就透露出这样的茶汤会是有某种特定组织形式的，这个不知名的"会首"就是这次茶汤会的组织者、主持人，他或许是寺内某位执事僧人，也可能是护法居士。从《语录》里收录的其他偈颂、颂赞等看，类似情况不是孤立的，而是具普遍性的。三是从两首偈颂的内容看，是用佛教常用的类诗偈言形式对茶汤会以茶弘法的功德的肯定与赞颂。第一首说，径山寺大开山门，广施法雨，破除悭贪之心。烹煎了龙团凤饼，来供养千万个众生。如果当作法事来说的话，我就算是打了一床禅座吧。这里所说的"凤髓""龙团"，按字面理解，当指当时的建茶极品龙

宋墓壁画《点茶图》（局部）

团凤饼，但考虑到唐宋时期南方流行蒸青散茶，径山寺当时产茶也以蒸青散茶可能性为大。南宋初年建茶进贡皇室，所谓的"北苑试新"，不过百来饼，十分难得，因此这里的"凤髓""龙团"也可能是用来比喻茶汤会上所用茶品之名贵的。而所谓"烹煎"，实际上并非唐代时的煎茶（即将茶叶直接放到鼎或釜中烹煮，加入各种调料，做成茶汤来饮用），而是宋时广为流行的煮水点汤，即烹煮的是水，再用水来冲点把蒸青散茶或团饼茶碾磨成粉末状的茶末。后世日本的抹茶道正是源于此法，延续至今。第二首是阐明真心发愿对学佛问道的重要性和作用，用"一茶一汤"来接引信众，从此皈依佛门，也是一种功德。从这些内容推测，这次茶汤会的会首很可能是一位信佛的护法居士，他正是用举办径山茶汤会的方式来传法播道，接引信众（鲍志成《密庵咸杰与"径山茶汤会"》，《第八届世界禅茶文化交流大会学术论文集》）。

密庵咸杰后，宋代径山寺的历代住持，如第二十六代别峰宝印（1109—1190）、第三十一代石桥可宣、第三十二代浙翁如琰（1151—1225）、第三十四代无准师范（1177—1249）、第三十五代痴绝道冲（1168—1250）、第三十六代石溪心月（？—1255）、第三十七代偃溪广闻（1189—1263）、第四十代虚堂智愚（1185—1269）等人，都在传承径山宗风和茶会礼仪、开展对日禅茶交流中名留史册，贡献卓著。

除了密庵咸杰的偈诗外，径山寺茶会不乏其例。北宋杭州灵隐寺高僧明教大师契嵩（1007—1072）早年游方问法时曾有不愿意充当寺内"书记"之职书写茶汤榜而被迁单的故事。慧洪《林间录》卷一云："嵩明教初自洞山游康山，托迹开先法席。主者以其佳少年，锐于文学，命掌书记。明教笑曰：'我岂为汝一杯姜杏汤耶？'因去之。"慧洪（1071—1128）去契嵩之世不远，此条记载当属可信。姜杏汤散寒止咳，是丛林日用汤药之一。曾卓锡江浙十一寺的北磵居简禅师《梅屏茶汤榜》中有"鼹鼠饮河，弗信醍醐海阔。黄蜂分酿，放教姜杏杯深"，元初樵隐悟逸禅师《仰山彦书记之径山》云："昔年曾饮姜杏杯，香浮雪谷翻轻雷。"这些都是文献证据。契嵩不肯就任"书记"之职，并笑称自己不是为一杯姜杏汤而来，说明他道趣高洁，不是凡庸之辈。宋代禅门宗匠黄龙慧南、佛眼清远和径山寺高僧大慧宗杲等，也都曾任"书记"一职，掌茶汤榜之书写。

日本"茶圣"荣西二度入宋时，曾到京城临安作法事，祈雨应验，得赐"千光大法师"尊号，并在径山寺举办大汤茶会，以示嘉赏（虎关师炼《元亨释书》卷二《荣西传》，参阅吴觉农著《茶经述评》，第187页；丁以寿《日本茶道草创与中日禅宗流派关系》，载《农业考古》，1997年第2期）。南宋嘉定十六年（日本贞应二年，1223年），七十三岁的径山寺住持浙翁如琰在接待二十五岁的日僧道元入宋求法、登山参谒时，礼仪周到，特在明月堂设"茶宴"（日本《建撕记》）。这是径山茶宴在南宋时举行的史证。日本大德寺所藏南宋传入的《五百罗汉图》也显示，禅院僧堂生活和法事仪式也有采用茶会形式的（参阅日本早稻田大学近藤艺成教授《传入日本大德寺的五百罗汉图铭文与南宋明州士人社会》）。据介绍，这套《五百罗汉图》设色，绢本，每幅画长1.5米、宽0.5米，绘五尊罗汉，总计应有百幅之多，大德寺所藏只是其中少部分。这也许可以说是当时禅院盛行茶会的史证。

南宋《五百罗汉图》之一

清代仕女饮茶图（局部）

　　元代径山寺僧在参禅说法、接待上宾时也都参以茶事或举行茶
宴。第四十八代住持、元代高僧行端元叟与雪岩钦禅师互斗机锋，在
讲到"鸭吞螺蛳眼睛凸出"时，雪岩会心一笑，对侍者说："点好茶
来！"行端回敬说："也不消得。"（黄缙《元叟端禅师塔铭》，《径山
志》卷六"塔铭"；《径山志》卷三"列祖"）第五十三代愚庵智及禅

师在上堂演说卄示时"拱茶上堂"。第二十四代十方住持寓庵清禅师在中秋上堂说法时"归堂吃茶"（《径山志》卷三"列祖"）。

明清时期，临济宗黄龙派式微，杨岐派一枝独秀，几乎取代了临济宗甚至禅宗在江南各地继续传承，直到晚清才式微。从临济宗在宋、元、明、清的传承渊源和分脉看，其分布主要集中在径山寺周边的浙江杭州、湖州、嘉兴、绍兴、宁波、天台，江苏苏州、扬州、镇江、常州，上海，以及江西洪州、庐山等地，只有少数远播至湖南潭州和云南、四川、北京。径山茶宴随临济宗的兴盛，也广为传播到了江南各地禅院。

（二）径山茶宴的式微

明代，径山茶宴式微。宝彻禅师与二士人谒径山寺途中，曾与一老婆子相遇，问答之间斗起机锋。夜间下榻客店，老婆子为他煎茶一瓶，携带三只茶盏来，对他说："和尚如果是有神通的人，就请吃茶。"就在宝彻禅师三人闻言相顾无语之际，老婆子又说："还是看老朽我自逞神通去吧。"说完，拈起茶盏倾倒了茶汤，起身便走了（《径山志》卷三"法侣"），由此可见径山禅风之一斑。张京元在《游径山记》中记载，他坐了肩舆（一种简易的轿子）上径山，到了半山腰，抬舆的轿夫稍事歇息，就有山庵僧人上来供奉香茗，泉清茶香，喝了疲劳顿消；到巡礼径山寺结束，又有寺僧泡茶招待，一起啜茶而返（《径山志》卷七"游记"）。一些文人墨客的游径山诗句中也谈及茶事，如王洪等《夜坐径山松源楼联句》中有"高灯喜雨坐僧楼，共话茶杯意更幽"，王阳明《题化城》中有"茶分龙井水，饭带石田砂"，陆光祖《题径山松源楼》中有"供茶童子清于鹤，笑问何来世外踪"，洪都《同苏更生宿径山煮茶》中有"活火初红手自烧，一铛寒水沸松涛"（以上均见《径山志》卷十"名什"）等。径山寺第五十五代宗泐《长偈送印无相还径山》中有"殷勤意不在香茶"（《径山志》卷九"偈咏"）。梵琦楚石《送径山空维那》中描述茶会情景时，有"大家坐听炉边水"之句，又有《送径山一藏主》云："夜半扶桑吐红日，拈起凌霄峰顶茶。"释法乘《径山招等慈师》曰："半间茅屋暂容身，瓦灶茶炉事事真。"（以上均见《径山志》卷九"偈咏"）如此等等，足见明代前期径山茶宴仍在寺僧间流传。

明代中期后，径山茶事很少见于史载，而在径山周边的杭州寺院，茶宴则仍在流传。如杭州九溪理安寺的和尚，"每月一会茗"（《理安寺志》）。在著名的大慈山虎跑寺，明清时期文人游记、诗歌中类似记载代不乏例，如余铉《游虎跑寺次东坡先生韵》中有"倾将雪乳醍醐嫩，裹得春芽带铐方"，江国鼎《游虎跑寺次东坡先生韵》中有"呼童涤盏煮茶尝"，江汤望《游虎跑寺次东坡先生韵》中有"蟹眼烹来臻上品，龙团碾就产殊方。自知不减卢仝兴，涤取樽罍慢慢尝"，孙仁俊《游虎跑寺次东坡先生韵》中有"闲与定僧留一坐，龙团点雪试新尝"，陈灿《同翁町游虎跑寺》中有"山僧作茗供，

数瓯涤灵府"，吴升《虎跑寺用东坡先生韵》中有"战茗清游""输
与山僧好滋味，一瓯玉乳更新尝"，徐同善《游大慈山虎跑寺》中有
"团茶试茗水，瘿瓢浮异香"。（以上均见《虎跑定慧寺志》卷一）

晚清民国时期，随着杨岐宗和径山寺的中落，径山茶宴在其发
祥地也几乎失传了。不过，在寺院内部和僧人之间可能一直相沿不
绝。2009年，根据早年出家径山寺的正闻（时年八十四岁）、径山镇
文史工作者俞清源（时年八十一岁，已故）等人口述，民国时期他们
都未曾参与或看见寺僧举办类似茶会的情景，只是故老传闻有此一
说而已。在日本承天寺、圆觉寺、妙心寺、建仁寺等径山派临济宗寺
院，迄今仍在每年一度（或数次）举行茶宴法会，以纪念开山祖师，
弘传佛法。

（三）径山茶宴与近现代茶话会

茶话会，顾名思义，是饮茶谈话之会。追根溯源，茶话会是在古
代茶宴、茶会基础上演变而来的。相传三国吴时末代皇帝孙皓每宴
群臣必尽兴大醉，大臣韦曜酒量甚小，孙皓便密赐"以茶代酒"之
法。中唐以后，逐渐产生集体饮茶的茶宴，且普遍起来。士林茶宴与
禅院茶宴几乎同时起源，并行发展，多以名茶待客，宾主在茶宴上一
边细啜慢品，一边赋诗作对，谈天说地，议论风生。唐宋时的"泛花
邀客坐，代饮引清言"和"寒夜客来茶当酒，竹炉汤沸火初红"诗句，
便是对士林茶会的生动描述。随着佛教世俗化的深入和居士佛教

的兴起，径山茶宴也开始走出禅院山门，在士林信众中流播开来。到近代，在上海率先出现商务洽谈茶会，继而推陈出新，与文人雅集等形式相互融合，演变为现代十分流行的各类生动活泼、为人们所喜闻乐见的茶话会。

近代禅院茶宴式微，而士林茶会推陈出新，出现了商界（商人或商务）茶会。这是旧时商人在茶楼进行交易的一种集会，流行于长江流域，尤以上海等地最盛。届时，各业各帮的商人以约定的茶楼作为集会地点，边饮茶边交流行市，进行买卖，类似现在的商务洽谈会。郁达夫于1935年12月为《良友》画报所写的《上海的茶楼》，对当时上海茶楼的休闲、商务洽谈等都有生动描述。而近代杭州的茶艺、茶会具有鲜明的时代特征，由于茶馆的社会功能得到延伸和

径山茶宴图

现代漫画《文坛茶话会》（鲁少飞　作）

扩大，商务茶会、戏剧演艺茶会、娱乐休闲茶会等新兴茶会盛极一时，在商贸、文艺、社会等领域产生深远影响。近代杭州颇具特色的茶艺，有流行于城北运河两岸茶馆的"十二月花序茶"。当时拱宸桥、湖墅一带茶楼按季节、时令不同供应各月有特色之茶。如正月元宝茶：正月初五旧俗接财神，商贾聚集茶楼，例称"吃元宝茶"，茶中放青橄榄，称为"元宝"；茶楼主人依例敬奉元宝茶，取其彩头，分文不收；茶桌上有水果、糕点数碟，"糕"与"高"谐音，取步步高升之意；桌上供水仙和红梅，春意融融。二月杏花茶：二月十九为观音生日，茶客偕家眷同至，尤以女眷为多，平添喜气。三月清明茶：清明为大节，一年农事始于此，茶楼邀近郊农家殷户、官府农事之

执事，来此品茶话农事。四月蔷薇茶：暮春天气，气候渐暖，茶楼专备蔷薇露为婴儿敷施，祛风驱毒。五月端午茶：端午节西湖有龙舟竞渡，亦有大画舫游湖，有辟邪取吉之意；茶楼设雄黄茶、雄黄酒，备有自制端午粽，并供菖蒲、艾叶，顾客可自取；青年男女平时少见于茶楼，此日登楼者众，六月荷花茶：西湖芙蕖盛放，茶人喜上茶楼赏荷花，备有浅盆荷花，品种甚多。七月乞巧茶：此日应牛郎织女渡银河故事，晚间茶楼兴盛，熄了电灯，改燃红烛，以便观览牛郎织女星；奉乞巧茶，茶碗或茶壶中暗置珍珠翠戒，虽非贵重，有能得者，众皆称贺。八月桂花茶：八月十五既赏桂花又赏月，茶楼自制细沙玫瑰小月饼，香酥软糯，嘉宾贵客提送归家。九月重阳茶：重阳茶亦称"登高茶"，以老人为主，耄耋、期颐寿星咸相庆贺；或以某人九十大庆、百岁华诞，满座庆贺，茶楼敬赠寿酒、寿面，为一时盛事。十月芙蓉茶：十月初八为芙蓉生日，茶楼遍设木芙蓉、矮芙蓉和一丈红（天竺葵），尤以临水茶楼观赏最佳，有芙蓉秋水之野趣；是日邀请文人雅士，吟诗挥毫，亦修禊事也；茶楼自制芙蓉糕、芙蓉饼和芙蓉茶，别有情趣。十一月冬至茶：冬至为一年节气变换之最，日短夜长之至，茶楼夜备暖酒小菜，为茶客消夜，名"冬至酒"。十二月谢年茶：十二月廿三俗为"灶司菩萨上天"日，茶楼分送春联，或请书家当场挥毫，顾客中善书者亦可一显身手。这种四时花茶会既展示应岁序而变的特色茶品，也是吸引茶客的特色主题茶会。

　　到20世纪后半期，茶话会普及各行各业，成为我国乃至世界性的社会习俗，广泛盛行。在我国，小的如结婚典礼、迎宾送友、同学朋友聚会、学术讨论、文艺座谈，大的如商议国家大事、庆典活动、招待外国使节，一般都采用茶话会的形式，特别是欢庆新春佳节，采用茶话会形式的越来越多。各种类型的茶话会，既简单、节俭，又轻松、愉快、高雅，是一种雅俗共赏的聚会形式。

　　在古代的茶宴、茶会基础上逐渐演变而来的茶话会，既不像古代茶宴、茶会那样隆重和讲究，也不像日本"茶道"要有一套严格的礼仪和规则，如今的茶话会，是在品尝一杯香茶下的饶有情趣的集会。参加茶话会不但能让身心得到满足，而且还能增进友谊，增长知识，所以人们都乐于参加茶话会。

二、径山茶宴的形式和内容

宋元时期径山寺僧人正是「茶禅一味」的实践者和参究者。长年累月从不间断的寺院茶会，将参禅与吃茶有机地结合起来，以茶参禅，说偈语，参话头，斗机锋，使禅院茶会别开生面，意境高古，影响深远，把中国古代禅茶文化推向登峰造极的地步。

二、径山茶宴的形式和内容

[壹] 茶宴名目

（一）传承地域人文环境

　　余杭古称"禹航"，以大禹南巡会稽（今绍兴）过此驻泊而名（今余杭区有地名"舟枕"），后以音近而作"余杭"。"杭州"之名即源自"余杭"。余杭自古就是"天堂"杭州的北郊门户，经济富庶，文化昌盛。这里有被称为"华夏文明曙光"的良渚文化遗址，有流丽生辉、孕育杭州市井文化的京杭大运河南段纵贯而过，有江南三大赏梅胜地之一"十里香雪海"超山，有第一个国家级城市湿地公园西溪，有著名的江南道教洞天洞霄宫遗址，有水乡古镇，有余杭滚灯、龙舟胜会、清水丝绵制作技艺等国家

径山兴圣万寿禅寺碑拓片

级非物质义化遗产。

径山为浙西天目山的东北余脉，因有路径可通天目山而得名，雄伟峻拔，气势非凡，苏东坡形容其"势若骏马奔平川"。径山群峰罗立，有凌霄、大人、鹏抟、晏坐、堆珠、朝阳和御爱七峰，宛如莲花盛开。山上层峦叠嶂，沟壑纵横，古木参天，翠竹掩映，四季青翠，风景宜人，堪称天然的绝胜道场。径山所在的径山镇，与杭城西北

径山古道

郊相毗连，区域面积157.08平方公里，为余杭全区各乡镇之最。境内地势由西向东倾斜，多平原、丘陵和山地，其中山地占总面积的一半。这里属亚热带气候，年平均气温16℃，年平均日照时数1944.6小时，年降水量大于1400毫米，四季分明，雨量丰沛，土地肥沃，农桑发达，物产丰富，其中径山茶为历史文化名茶，闻名遐迩。

径山茶又名"径山毛峰"，以产于径山而得名，属绿茶类蒸青散茶。海拔1000米的径山，山岭高耸，神木参天，土壤肥沃，气候潮湿，茶叶生长环境得天独厚，品质绝佳，声誉冠群。

水乃茶之母，好茶离不开好水，径山寺内的龙井泉清冽甘醇，

径山古道上的元代东碉桥

以之烹点，茶味殊胜。名山名寺，交相辉映；好茶好水，相得益彰。
这为径山茶提供了天然条件。日本求法僧南浦绍明禅师在学成归国
时把茶籽带回日本，为后世日本蒸青抹茶之源。现今出产的径山茶
多数为谷雨前茶，特级茶采摘标准为一芽一叶或一芽二叶初展。一
般只采春茶，发芽早的无性系良种早在谷雨节气前大多采摘结束。
这一时段气温较低，湿度大，茶山中云雾多，茶叶生长缓慢、均匀，

径山茶园

径山寺龙井

芽叶细嫩、整齐，有效成分含量高，制成茶叶品质好。径山茶外形细嫩显毫，色泽翠绿，叶底细嫩成朵，汤色碧绿明亮，滋味清醇回甘，因而先后获得"中国文化名茶"、"浙江省十大名茶"等称号及浙江省十大地理标志区域品牌。

径山茶宴是特定时空背景下的一种独特的禅院茶会礼俗。举办径山茶宴需要多方面的因素或条件。一是茶会器物，包括茶会每个环节所需的茶器具，香具、花具、茶鼓、字画等配套器具和装饰品；二是茶堂空间，一般是禅院的禅堂、法堂或客堂、别院（高僧退隐之地）等；三是参与主体，包括僧俗两类，即禅僧、护法居士或宾客；四是人文环境，即禅宗寺院、名山胜境或江南茶区。

（二）茶宴名目

径山茶宴其实是径山寺禅院的茶会、茶礼的俗称，在《禅苑清规》中多作"煎点"，在禅僧语录里也有称"茶汤会"的，反映了饮茶法已经从唐代的烹煮法为主过渡到了宋代的点茶法为主。

宋元时期，包括杭州在内的江南禅宗寺院僧堂生活中盛行各类茶事，每每因时、因事、因人、因客等需要而设席煎点，名目繁多，举办地方、人数多少、规模大小各不相同，通称"煎点"，俗称"茶（汤）会""茶礼""茶宴"。

根据《禅苑清规》记载，这些禅院茶事基本上分两大类。一是禅院内部寺僧因法事、任职、节庆、应接、会谈等举行的各种茶

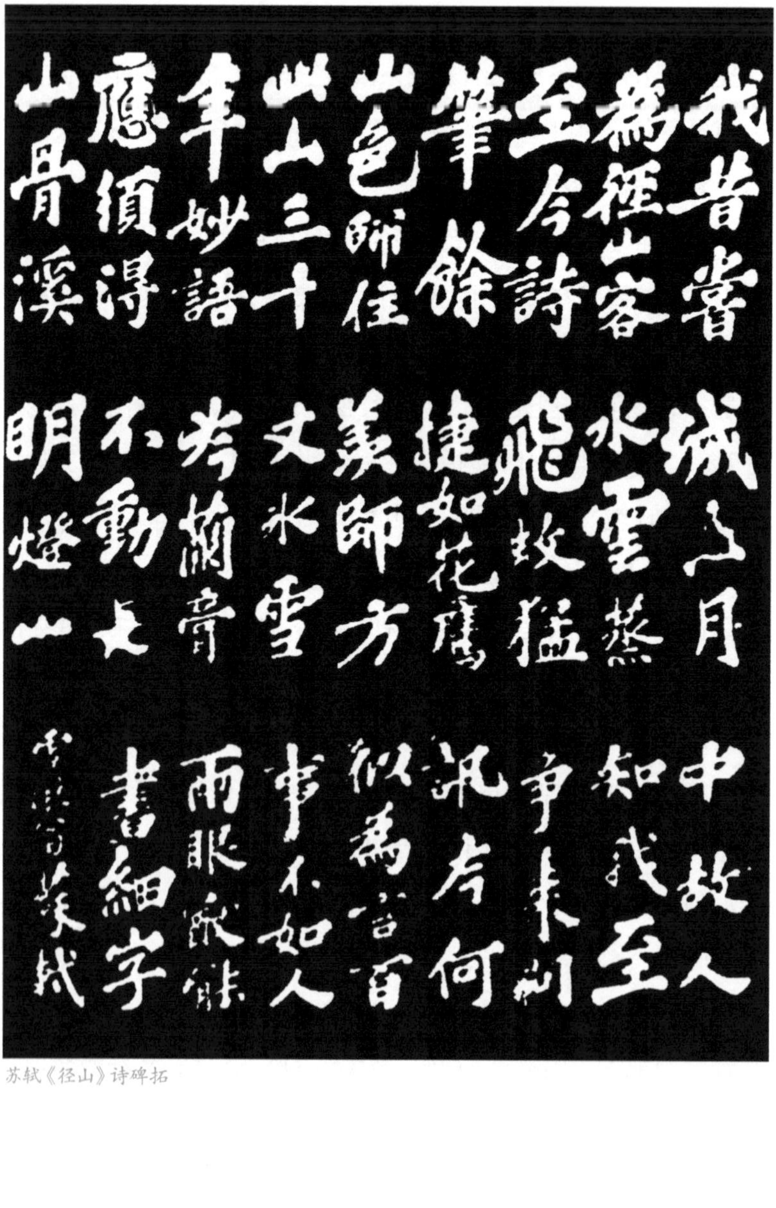
我昔嘗爲徑山客至今詩筆餘山色師住此山三十年妙語應須得山骨溪
城六月水雲蒸飛蚊猛捷如花鷹羨師方丈冰雪冷蘭膏不動長明燈一
山中故人知我至爭來問訊今何似爲言百事不如人兩眼猶能書細字
蘇軾

苏轼《径山》诗碑拓

会,其中最隆重而常年举办的是禅院的重要节日,如结夏、解夏、冬至、新年四大节日及佛诞日、佛涅槃日等。《禅苑清规》卷五、卷六中记载有"堂头煎点""僧堂内煎点""知事头首点茶""入寮腊次煎点""众中特为煎点""众中特为尊长煎点""法眷及入室弟子特为堂头煎点"等名目。在寺院日常管理和生活中,如受戒、挂搭、入室、上堂、念诵、任职、迎接、看藏经、劝檀信等具体的清规戒律中,也无不掺杂有茶事、茶礼。当时禅院修持功课、僧堂生活、交接应酬,以至禅僧日常起居无不参用茶事、茶礼。这类茶会多在僧堂(禅堂)、客堂、寮房举办,属于禅院内部管理和僧人之间的茶事活动。二是接待朝臣、权贵、耆旧、尊宿、上座、名士、檀越等尊贵客人时举行的大堂茶会,即通常所说的非上宾不举办的大堂茶(汤)会。其规模、程式与禅院内部茶会有所不同,宾客系世俗士众,席间有主僧宾俗,也有僧俗同座。在《禅苑清规》卷一和卷六中还分别记载了"赴茶汤"以及烧香、置食、谢茶等环节应注意的礼节等问题。

早在唐代的禅宗僧堂生活中,就开始大量使用茶事、茶礼作为仪轨、修持的形式和内容。如禅宗六祖慧能三世徒百丈怀海制定的《百丈清规》第五章"住持"在规定"请新住持"时,有"专使特为新命煎点""新命辞众上堂茶汤西堂""专使特为受请人煎点""受请人辞众升座茶汤"等茶事礼仪,在入院、退院、迁化等重大寺门活动中,也参用"山门特为新命茶汤""受两序勤旧煎点""挂真

举哀奠茶汤""对灵小参奠茶汤念诵致祭""出丧挂真奠茶汤"等
茶礼。在第六章"两序"中，关于方丈、侍者、首座等的行事，也有
许多茶事仪轨，如"方丈特为新旧两序汤""堂司特为新旧侍者汤
茶""库司特为新旧两序汤""方丈特为新首座茶""新首座特为后

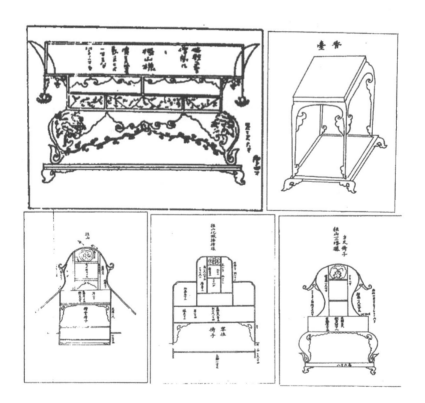

《五山十刹图》中的径山寺供案、香几和方丈、客座、僧堂椅子

堂大众茶""住持垂访头首点茶""两序交代茶""入寮出寮茶""头首就僧堂点茶"等。在第七章"大众"中,关于沙弥剃度、坐禅、挂搭,有"方丈特为新挂搭茶""赴茶汤"等茶事活动。在第八章"节腊"中,更是详细规定了寺院四节茶会活动,如"新挂搭人点入寮茶""众寮结解特为众汤(附建散楞严)""方丈小座汤""库司四节特为首座大众汤""方丈四节特为首座大众茶""库司四节特为首座大众茶""前堂四节特为后堂大众茶""旦望巡堂茶""方丈点行堂茶""库司头首点行堂茶"等。由此可见,当时禅院几乎到了无事不茶的地步。

到了宋元时期,随着禅宗的一枝独秀、盛行江南,禅院茶事活动凭借地处茶区、茶品资源丰富等优势,在市井社会茶风炽盛等背景的影响下,更加风行,不仅无事不茶,而且无时不茶,清幽禅院,茶香弥漫。

[贰]茶宴场地

僧堂　僧堂是径山寺举办两序僧众茶事法会的场地,也称"海会堂"。径山寺的历史建筑现已荡然无存,宋式僧堂的间架结构、空间布局无从得知。南宋时,求法日本僧人参礼江南寺院所绘制的《五山十刹图》,保留了部分珍贵信息。从记载的十多个寺院看,具体内容以径山寺为最,其中僧堂的开间、梁架、进深等都有精确的描绘和记录。

僧堂作为禅寺众僧坐禅修行、参禅辩道的专门道场，是禅寺最重要的建筑之一。在功能上，以一堂兼坐禅、起卧、饮食三大用途。作为僧团修行道场的僧堂，大多规模宏大。尤其是五山丛林，衲子云集，号有千僧，径山寺更是"法席大兴，众将二千"，其僧堂规模之大，可想而知。径山寺在高僧大慧为住持时，僧徒骤增，旧有两个僧堂仍不足以容纳，故又另建千僧阁以广纳众僧。至端平三年（1236年）再建时，又将旧二僧堂统而为一大僧堂。《五山十刹图》中的径山大型僧堂，年代仅与之相距十余年，故应是同一僧堂。

径山寺僧堂规模以版数而论。所谓"版"，是僧堂内长连床数及其位置的排列形式。径山僧堂为二十版大型僧堂，依径山僧堂戒腊牌所记，"清众共八百五十四员"，可与其僧堂规模宏大相印证。

复建中的径山寺大殿设计效果图

径山寺大殿（已毁）

据文献记载，端平三年（1236年）建成的径山大僧堂，"楹七而间九，席七十有四，而衲千焉"。根据《五山十刹图》，此大僧堂内堂面阔九间，进深四间，外堂面阔十一间，进深两间。内外堂间又设天井一间。僧堂四面周以回廊，图中记有实测尺寸，内堂面阔开间二丈六寸，进深开间二丈四尺六寸。

　　寺院举行法事仪式时的堂设即陈设，既是实用所需法器，也是营造法事仪式的威仪。《五山十刹图》记录有"仪式作法"十六项、"杂录"十项、"家具法器"二十二项，除了通常陈设外，其中明确提及径山寺的有径山土地神牌、径山楞严会、径山云版、径山团扇、径

径山寺钟楼（已毁）

山僧堂围炉、径山槌砧等法器，径山僧堂椅子、桌，径山方丈椅子及径山客座椅子、屏风、桌，前方丈椅子，方丈坐床，径山僧堂坐床，径山僧堂帐帘，径山寺法堂法座，径山僧堂圣僧宫殿，径山佛殿及圣僧前几等家具（张十庆《〈五山十刹图〉与江南禅寺建筑》，刊《东南大学学报》1996年；《从〈五山十刹图〉看南宋寺院家具的形制与特点》（上、下），《室内》1994年1—2期）。由此可见当时径山寺的法器陈设和殿堂装饰等情况。

明月堂 通常所说的接待上宾的径山茶宴，一般在明月堂主办。明月堂原是大慧宗杲晚年退养之地妙喜庵，轩窗明亮，绿树掩

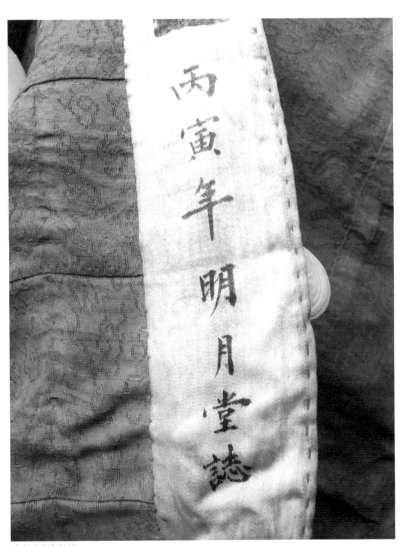

清末明月堂袈裟

映，青山白云，近在眼前，清风明月，诗意盎然。堂内陈设古朴、简约，使人感受宁静、肃穆的气氛，强调内在心灵的体验。吴之鲸《妙喜庵》中云："开士传衣号应真，龙章炳耀出枫宸。只今琪树犹堪忆，无垢轩中问法人。"（《径山志》卷十"名什"）龙大渊《明月堂》中也说："明月堂开似广寒，八窗潇洒出云端。碧天泻作琉璃镜，沧海飞来白玉盘。金粟界中香冉冉，水晶帘外影团团。清心肝胆谁能共，独倚天街十二栏。"（《径山志》卷九"偈咏"）从中可见当年明月堂的风致。大慧当年曾在明月堂前凿明月池，明朝时明月池尚存（《径山志》卷十四"古迹"）。

其后，明月堂一直为径山寺的重要建筑。2009年9月，笔者为径山茶宴申报国家"非遗"项目进行调查研究时，在径山村还俗僧人正闻家里发现保存完好的清光绪年间寺僧袈裟，上有"明月堂志"题款，这说明明月堂始终与径山寺同在。20世纪80年代末径山寺重修时，曾发现有明月堂遗迹。

此外，非正式的待客茶宴有时也在客堂、茶亭举办，而寺僧之间的内部茶会往往在禅堂或寮房依时因事而进行。据吴之鲸在《径山纪游》中记载，他从余杭游径山途中，在"文昌坝寄宿茶亭，禅阁飞澍"。到寺中，"僧冲宇供笋蕨，煮清茗，情甚洽。月光初灿，仅于密樾中作掩映观耳"（《径山志》卷七"游记"）。《径山志》卷十二"静室"中记载有"天然茶亭"（地名）。同书卷十三"名胜·通径桥"云：

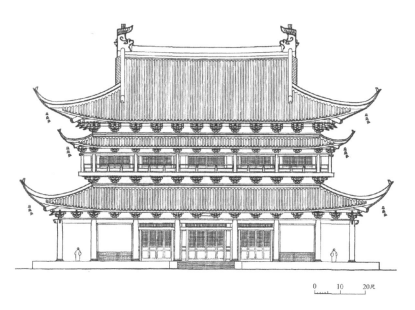

0   10   20尺

宋径山寺法堂立面复原示意图

"如玉禅师建,锁大安涧口,古茶亭基址尚在。"这些茶亭大多是供人休息的凉亭,常有乐善好施者在亭中供应茶水。

[叁]茶药和茶食

茶品　径山茶宴所使用的茶品,在宋元时期以蒸青碾茶为主,间用团茶碾茶,明清时期则逐渐流行散茶,而蒸青碾茶仍在茶宴中使用。

径山茶自古被誉为佛门佳茗。径山种茶始于唐代开山始祖法钦种茶采以供佛。据清《嘉庆余杭县志》记载,径山"开山祖钦师曾植茶树数株,采以供佛,逾年漫延山谷,其味鲜芳特异"。北宋叶清臣在《述煮茶泉品》中评述吴楚出产茶叶时说:"茂钱塘者以径山稀。"足证径山茶当时已名声大振。南宋时,径山产茶之地有四壁坞及里山坞,"出者多佳",主峰凌霄峰产者"尤不可多得"(《咸淳临安志》卷五十八"货之品")。当时径山寺僧常采谷雨茶,加工后用小缶贮藏,作为山门礼品,馈人结缘。如潜说友《咸淳临安志》卷五十八"货之品"中记载:"近日,径山寺僧采谷雨前者,以小缶贮送。"吴自牧《梦粱录》卷十八"物产"中也记载:"径山采谷雨前茗,以小缶贮馈之。"由寺僧自种自采自制的径山茶,既满足禅院僧堂供佛自用需要,又可馈赠宾客、售予香客,不仅成为径山茶宴的法食,也是寺院结缘的媒介和收入的来源。

有学者研究,当时径山所产茶为蒸青散茶,但在寺院日常茶事或茶宴中,仍掺杂使用珍贵的研膏团茶,其来源往往是皇室赐予高僧或大臣而转赠寺僧的。苏轼在与宝月禅师信札中曾提到"清日夜煎",并说身在黄州无物为礼,以"建茶一角"遥寄为信(《答宝月禅师》)。蔡襄在《记径山之游》中说:"松下石泓,激泉成沸,甘白可爱,即之煮茶。凡茶出北苑,第品之无上者,最难其水,而此宜之。"(《径山志》卷七"游记")这里的山泉适宜烹煮的茶也是团茶。南宋徐敏《赠痴绝禅师》中有"两角茶,十袋麦,宝瓶飞钱五十万"(《径山志》卷十"名什"),说明在南宋时尽管散茶流行,但团茶仍在参用。根据周密《武林旧事》卷二所记述的南宋宫廷茶礼"北苑试新"，足以说明在朝廷或官方茶事活动中仍使用龙凤团茶，径山寺在接待宰执、权贵和州县要员而举办的大堂茶会上，使用研膏团茶比民间蒸青散茶的可能性要大，但都是经过研磨的茶末，用沸水冲点而成。

团茶制作始于唐代以前。陆羽《茶经》第七章"茶之事"中摘录北魏张揖所著《广雅》，说"荆巴之间，采茶叶为饼状"。到唐代，团饼茶制作分采、蒸、捣、拍、焙、穿、藏等七个步骤，过程复杂，并使用相应的茶器具。对此，陆羽在《茶经》第二、第三章中分别作了说明。北宋创制的龙凤团茶，把茶叶制作的精细程度推到了极致。据《宣和北苑贡茶录》记载，团茶贡茶极盛时有数十种，且制茶技术大有进步。尤其是宋徽宗赵佶，不仅在艺术上有很高的成就，对茶也深有研究，著有《大观茶论》，不惜重金征求新品贡茶。据赵汝砺《北苑别录》记载的团茶制法，较唐朝陆羽的制法更为精细，品质也更高。

宋式团茶的制法分为采茶、拣芽、蒸茶、榨茶、研茶、造茶、过黄等七个步骤。

1. 采茶：采茶工采茶要在天明前开工，至旭日东升后便不适宜再采，因为天明之前茶芽未受日照，肥厚滋润。如果受日照，则茶芽膏腴会被消耗，茶汤亦无鲜明的色泽。因此每于五更天方露白，则击鼓集合工人于茶山上，至辰时收工。采茶宜用指尖折断，若用手掌搓揉，茶芽易受损。

2. 拣芽：采茶工采摘的茶芽品质并不十分整齐，故须挑拣。茶芽有小芽、中芽、紫芽、白合、乌带五种。形如小鹰爪者为"小芽"，芽先蒸熟，浸于水盆中，只挑如针般细的小蕊制茶，称之为"水芽"。水芽是小芽中的精品，小芽次之，中芽又次之，紫芽、白合、乌带多不用。如能精选茶芽，茶之色味必佳，因此拣芽对茶品质之高低有很大的影响。

3. 蒸茶：茶芽多少沾有灰尘，最好先用水洗涤清洁，等水滚沸，将茶芽置于甑中蒸。蒸茶须把握得宜，过热则色黄味淡，不熟则色青且易沉淀，又略带青草味。如何才能把握适当，取决于茶师的制茶经验与技术。

4. 榨茶：蒸熟的茶芽谓之"茶黄"。茶黄得淋水数次令其冷却，先置小榨床上榨去水分，再放在大榨床上榨去油膏。榨膏前用布包裹起来，再用竹皮捆绑，然后放在榨床下挤压，半夜时取出搓揉，再放回榨床，称之为"翻榨"。如此彻夜反复，到完全干透为止。这样茶味才能久远、浓厚。

5. 研茶：研茶工具，用柯木为杵，以瓦盆为臼。茶经挤榨，已干透没有水分，研茶时每个团茶都得加水研磨。水需一杯一杯地加，同时也要有一定的量，茶品质越高加水越多，如白茶等须加十六杯水。

寺院和尚点茶情景（南宋《五百罗汉图》之"吃茶图"局部　日本大德寺藏）

每次都要等水干茶熟才可研磨，研磨越久，茶质越细。茶末直接烹点，可连汤一起饮用。除了小龙凤加水四杯，大龙凤加水两杯外，其他均加十二杯水。研茶得选腕力强劲的茶工，加十二杯水以上的团茶一天只能研一团而已，其制作十分费时费力。

6. 造茶：研好的茶末要以手指戳荡看看，务要全部研得均匀，揉起来觉得光滑，没有粗块，再放入模中定型。模有方形、圆形、花形、大龙形、小龙形等，种类很多，达四十余种，入模后随即平铺于竹席上。

7. 过黄：所谓"过黄"就是干燥的意思，其程序是先用烈火烘焙团茶，再过沸水，如此反复三次，最后再用温火烟焙一次，焙好后又过汤出色，随即放在密闭的房中，用扇子快速扇动，如此茶色才能光润。做完这个步骤，团茶的制作就完成了。

早在唐代，茶叶种类除了团饼茶外，江南茶区民间就有散茶生产。当代"茶圣"吴觉农《茶经述评》中就论及唐代的炒青制茶法，注意到宋代朱翌（1097—1167）《猗觉寮杂记》（约12世纪）中"唐造茶与今不同，今采茶者，得芽即蒸熟、焙干，唐则旋摘旋炒"的记载。他参证的资料是刘禹锡《西山兰若试茶歌》中"自傍芳丛摘鹰嘴""斯须炒成满室香"等诗句。朱翌所谓的"旋摘旋炒"，说明唐代已有炒青制茶法。刘禹锡的《西山兰若试茶歌》，生动描绘了江南炒青绿茶的采制流程和工艺特点。炒青法简单易行，能较好保持茶叶的色、香、味，虽然在唐时并非制茶技艺的主流，只在南方少数茶区民间流行，但对后世茶叶加工却产生了深远的影响。北宋时散茶名"草茶"，产于淮南、荆湖和江南一带，欧阳修在《归田录》中说"草茶盛于两浙"，两浙以"日注为第一"。

南宋时，在团饼茶作为贡品继续生产的同时，蒸青散茶在民间

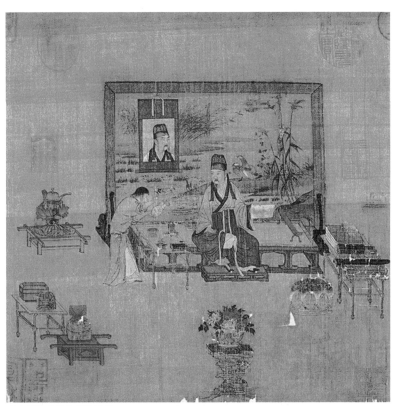

文士书斋内茶童点茶情景

的生产越来越多，一些原来加工制作团饼茶的地方，也改制生产蒸青散茶了。于是，自唐代以来延续了数百年的制茶法由团茶为主逐渐发展到团散并行，茶叶的加工技法发生了重大转变。到了元代，团茶渐次淘汰，散茶则大为发展，散茶的生产开始超越团饼茶。据元代中期王祯《农书》记载，当时的茶叶有"茗茶""末茶"和"腊茶"三种。"茗茶"即芽茶或叶茶；"末茶"是"先焙芽令燥，入磨细碾"而成的碎末茶；"腊茶"是"腊面茶"的简称，即团茶。三种茶以"腊茶最贵"，制作亦最"不凡"，"惟充贡茶，民间罕见之"。可见除贡茶仍采用紧压茶以外，大多数地区一般采制和饮用叶茶或末茶。

由此推断，径山寺在宋元时期的茶会上使用的茶品，当是团散并行；从当时皇家、官府仍使用团茶和后世日本茶道使用蒸青散茶看，在接待官府上宾时可能以使用团茶为主，在僧堂茶会中可能以使用蒸青散茶为主。不管是哪一种茶类，都需研磨过筛成细末茶粉，用沸水冲点。

汤药　径山寺等禅院在茶会上还提供汤药、药丸，有"一茶一汤功德香"之说，但这类汤药、药丸在茶会上的功用与茶同等重要，不能视为茶食。

《禅苑清规》在记述茶会时，几乎每一处都提到茶和汤，一般先点茶再上汤，但大多数学者都把"茶汤"误以为是点好可品的茶水，很少有人注意到两者之间的不同。在宋代煎点法茶艺中，一般

认为"煎汤"煎的是用来点茶的水,这当然没错。其实,在禅院茶会
上的"汤",还指饮茶后上的一种养生保健药汤。根据我国台湾地
区学者刘淑芬研究,在唐代世俗文献中,保健调理之"药",与茶合
称"茶药",五代时称为"汤药";到了宋代,则多称为"汤",与茶
合称"茶汤"。因此,当时的禅院茶会实际上应该如同密庵咸杰偈
诗那样称为"茶汤会",这与当时流行的其他一些称谓如"茶汤榜"
之类,可以互为印证。"茶汤会"是茶会、汤会的合称。在世俗茶会
中,有"茶来汤去"之说,即客来点茶,客去上汤;在《禅苑清规》中
也规定接待郡州县司要员的茶会礼节,"礼须一茶一汤",也就是密
庵咸杰偈诗所说的"一茶一汤功德香";由于茶礼与汤礼基本相同,
在《禅苑清规》中有许多地方都省略不写,或者往往以小字简略说

官宦茶会情景(《文会图》局部)

明，故而不太引人注目。其实，在《禅苑清规》中，对茶与汤有大量并列同等的规定，如谢茶时往往自谦说今日招待"粗茶""粗汤"礼数不周，云云；在"堂头煎点"中还说"如点好茶，即不点汤也"，说明有时点了好茶，还真的可以不再点汤；又说"如坐久索汤，侍者更不烧香也"，就是说如果大众坐得太久、时间太长，主动索要汤药的话，为节省时间，可以省略烧香的环节；至于接待新到、暂到的外寺僧人，也需要一茶一汤，但烧香就烧一次够了。可见，烧香可简省，一茶一汤不能少，先茶后汤不能乱，这是禅院茶会的规矩。在《禅苑

文士雅集中书童点茶情景（宋《十八学士图》之一　局部）

清规》"赴茶汤"的注意事项中，还有关于吃药时的特别提示："左手请茶药擎之，候得遍相揖罢方吃。不得张口掷入，亦不得咬令作声。"这说明，茶会上除了汤药外，还有药丸，吃药丸时不得张口抛掷进去，也不得用力咀嚼发出声音。

　　这种与茶同等重要的汤药，是将一些中草药碾磨成粉末，如茶粉一样放在汤盏里，再用沸水冲点而成，其方法类似点茶。日本《小丛林略清规》卷下附有"汤盏图"，其文字说明列举多种汤药原料后说"俱研末为粉"。如果是药丸，那就将原料碾磨成粉末后揉团成丸，再经干燥而成。这实际上都是中医药传统的汤剂、丸剂制作方法。由此也可以肯定，宋式点茶的团饼末茶、唐式烹煮的团茶末茶及添加的调料，其工艺都来自中药的制作技艺。

高士煎汤点茶情景（宋佚名《白莲社图卷》局部　辽宁省博物馆藏）

　　禅院茶会的汤药, 所用的原料五花八门。日本《小丛林略清规》卷下所附 "汤盏图", 其文字说明列举多种汤药原料, 有胡椒、陈皮、木香、丁子、肉桂。从前面提及的契嵩拒任 "书记" 写茶汤榜而被迁单等记载, 有 "我岂为汝一杯姜杏汤耶" 之问, 及宋北磵居简禅师《梅屏茶汤榜》中的 "鼹鼠饮河, 弗信醍醐海阔。黄蜂分酿, 放教姜杏杯深", 元初樵隐悟逸禅师《仰山彦书记之径山》中的 "昔年曾饮姜杏杯, 香浮雪谷翻轻雷", 都提及 "姜杏汤" "姜杏杯", 说明散寒止咳的生姜、杏仁汤是宋元禅院丛林日用汤药之一。其他一些文献提到的汤药原料, 还有干荷叶、橘皮（陈皮）、甘草、豆蔻、茴香、木香、桂花、薄荷、紫苏、枣子、胡椒、檀香、白梅等（《太平惠民和济局方》卷十）。南宋时临安府市井街巷也有各色 "奇茶异汤", 不过大多是一年四季时令汤饮。

　　点茶用盏托, 汤药用汤盏, 其器形从日本《小丛林略清规》卷下所附 "汤盏图" 可知, 与点茶盏托形制基本一样, 一盏一托, 只是 "不加木（一作 '水'）匙" 而已。国内宋辽墓葬出土的盏托, 也有配了汤匙的。

　　茶食　茶宴名目多样, 形式皆以茶待客, 佐以茶食。茶食主要是较清淡的面食与果品。南宋时茶宴有 "数千般官样茶食"。日本《禅林小歌》记录的源自中国的唐式茶会茶食有: 水晶包子（以葛粉制作）、驴肠羹（似驴肠）、水精红羹、鳖羹（状似鳖）、猪羹（形似猪肝）、甫美羹、寸金羹、白鱼羹（似白鱼）、骨头羹、都芦羹等羹汤类；乳饼、茶麻饼、馒头、卷饼、温饼等饼类；馄饨、柳叶面、相皮面、经带面、素面、韭叶面、冷面等。还有用高缘果盒盛装的龙眼、荔枝、榛子、苹果、胡桃、香榧、松子、枣、杏、栗、柿、橘、薯等干果，均为素食。至于民间用糯米做的粽，米粉、蜂蜜做的蜜糕及豆腐干之类的豆制品，都是茶食（刘淑芬《〈禅苑清规〉中所见的茶礼与茶汤》）。

[肆]茶宴器具

唐代流行煎茶道，根据陆羽《茶经》中列举的茶具有二十八种之多。相传在径山脚下的双溪撰著《茶经》，他书中记录的这些茶器具，应该也是径山寺当时茶会所用的茶具。

到了宋代，流行点茶道，当时名为"煎点"，即煎汤（水）点茶。这种方法主要流行于宫廷和士大夫、僧侣阶层。其基本的茶器具，在《茶录》和《大观茶论》中都有系统著录。蔡襄《茶录》"下篇"主要论述茶焙、茶笼、砧椎、茶钤、茶碾、茶罗、茶盏、茶筅、茶匙、汤瓶、茶勺等茶器具，围绕北苑团茶的制作和烹点方法，逐一论述其名称、材质、形制、功能和使用方法，可见北宋对制茶用具和烹茶用具的制作、使用十分讲究。这里择要略作介绍。

茶焙　"编竹为之，裹以箬叶。盖其上，以收火也；隔其中，以有容也。纳火其下，去茶尺许，常温温然，所以养茶色香味也。"焙茶关键在火候,故而纳于其中之火只是暗火,保持温温然而不过燥过旺。

茶碾 是将饼茶碾细的器物,多用金属材料制就,以利碾细。以银质为上(唐代的宫廷茶碾、法门寺地宫发掘出土的镏金天马流云纹银茶碾,皆银质),造型要求碾槽深,槽的起伏大,能使茶落入并聚集,利于碾轮运转。碾轮要薄而锐利,在运转中即使碰到槽壁也不会有大的撞击。碾茶要速碾,不能长时间地碾下去,不然会有损茶末的新鲜。蔡襄也说:"以银或铁为之。黄金性柔,铜及鍮石皆能生鉎,不入用。"鍮,即黄铜。鉎,即铜锈。以蔡襄的论断,黄金性柔且价格高昂,数量稀少,除了皇宫,即使官衙也很难使用。铜易生锈。当时逐渐出现使用陶瓷的茶碾。

宋《文会图》中点茶用的桌子

余杭大云寺遗址出土的北宋瓷茶碾

茶碾

茶磨

堆朱天目台（日本）

南宋刘松年《撵茶图》中的茶磨

日本东福寺藏箔押朱漆天目台

茶罗　碾好后要筛，筛面的茶罗要绢细、绷紧，这样不会被茶末堵塞，保持透畅。蔡襄认为："以绝细为佳。罗底用蜀东川鹅溪画绢之密者，投汤中揉洗以幂之。"鹅溪，地名，在四川省盐亭县，以产绢著名，其绢唐时即为贡品。

茶盏　宋时风行斗茶，首推福建建窑所出的黑釉茶盏。以沸水点茶，茶的乳白沫饽在黑盏衬托下雪白明亮，令人赏心悦目。蔡襄对斗茶之盏的要求是：建窑所产兔毫盏，胎壁微厚，保温性好。《茶录·茶盏》曰："茶色白，宜黑盏。建安所造者绀黑，纹如兔毫，其坯微厚，熁之久热难冷，最为要用。出他处者，或薄，或色紫，皆不及也。其青白盏，斗试家自不用。"宋徽宗在《大观茶论》中也对茶盏有专门的论述，曰："盏色贵青黑，玉毫条达者为上，取其焕发茶采色也。底必差深而微宽。底深则茶宜立而易以取乳（即斗茶输赢为凭的碗面汤花）；宽则运筅旋彻，不碍击拂。然须度茶之多少，用盏之大小。盏高茶少，则掩蔽茶色；茶多盏小，则受汤不尽。盏惟热（即应盏），则茶发立耐久。"

茶筅　宋代斗茶斗的就是茶汤表面的沫饽，较量沫饽的色泽，较量沫饽咬盏（不消失）的时间长度，而茶筅就是点茶的重要工具之一。用汤瓶内的沸水冲注碗盏里的茶末（先调成茶膏），用茶筅搅动击拂就是所谓的点茶。茶筅得到茶人的公认是在宋徽宗《大观茶论》问世之时，徽宗为此总结出了茶筅的制作材料、手柄和筅丝的

茶盏与盏托

日本大德寺藏窑变油滴斑天目碗及盏托

形态要求。《大观茶论》曰："茶筅以觔竹老者为之，身欲厚重，筅欲疏劲，本欲壮而末必眇（微），当如剑脊之状。盖身厚重，则操之有力而易于运用。"

茶匙 "茶匙要重，击拂有力。黄金为上，人间以银、铁为之。竹者轻，建茶不取。"蔡襄将茶匙作为茶筅的功能论述，认为点茶器

南宋审安老人《茶具图赞》中的十二茶具图

具"茶匙要重，击拂有力"。"竹者"是指竹匙，斗茶不取。茶匙除击拂点茶之用外，还有量舀茶末入盏的功能。茶匙与茶勺同样具有舀取功能，但大小有别。宋徽宗《大观茶论》中的茶勺则作分酌用。

汤瓶　汤瓶为烧开水的金属开水壶，长形，故称"瓶"。手柄非提梁，为侧耳，冲嘴后大而出口小，使点茶时冲力细劲，以利茶面之象。瓶之大小，应根据点茶时茶盏的容量确定。《茶录·汤瓶》曰："瓶要小者易候汤，又点茶注汤有准。黄金为上，人间以银、铁或瓷、石为之。""石"指陶瓷质汤瓶。烧水的汤瓶要小，这样容易知道水沸的程度，也易于注水点茶。宋徽宗《大观茶论·瓶》曰："瓶宜金银，大小之制，惟所裁给。注汤害利，独瓶之口觜（同"嘴"）而已。觜之口差大（根到头的精细变化大）而宛直，则注汤力紧而不散。觜之末欲圆小而峻削，则用汤有节而不滴沥。盖汤力紧则发速有节，不滴沥，则茶面不破。"

茶勺　用于分茶。分茶有两个概念，一为"水丹青"，二为分酌，此处指后者。勺的大小按舀一碗茶的容量定，一勺一碗为宜。唐代陆羽煮茶法，是将茶末置于镀（茶锅）中煮好后用勺分酌于碗中品饮。点茶法有两种。一为直接于饮用之盏中点茶；一为先在钵盂中点好，用勺分酌。此处勺的用途是后者。宋徽宗《大观茶论·勺》曰："勺之大小，当以可受一盏茶为量。过一盏则必归其余，不及则必取其不足。倾勺烦数，茶必冰矣。"

此外，还有以木、金或铁为之便于取用的砧椎，屈金、铁为之用以炙茶的茶钤等。

南宋审安老人所著《茶具图赞》，点茶用具有十二种。作者以拟人化的笔法，借用宋朝官职称号，结合每种茶具的功能、作用和特点，为当时上层社会流行的十二种茶器具分别取了姓名、字、号，合称"十二先生"，各配精美的线描图，并附有言简意赅、精妙恰当的图赞，堪称别出新裁、体例独特的奇书。根据《茶具图赞》所列名称、功能和所附图，"韦鸿胪"指的是炙茶用的烘茶炉，"木待制"指的是捣茶用的茶臼，"金法曹"指的是碾茶用的茶碾，"石转运"指的是磨茶用的茶磨，"胡员外"指的是量水用的水勺，"罗枢密"指的是筛茶用的茶罗，"宗从事"指的是清茶用的茶帚，"漆雕秘阁"指的是盛茶末用的盏托，"陶宝文"指的是茶盏，"汤提点"指的是注汤用的汤瓶，"竺副师"指的是调拂茶汤用的茶笕，"司职方"指清洁茶

日本缶

日本天目碗

具用的茶巾。《茶具图赞》成书于南宋咸淳五年（1269年），此时正是径山茶宴鼎盛时期，这些茶具与寺院所用茶具当有相当的类同性。

从留传至今的宋辽金元时期绘画以及出土的墓葬壁画中，可发现这些不同功用、材质、形制的茶具都是不可或缺的。如河北宣化辽大安九年（1093年）张匡正墓前东壁壁画《备茶图》，生动展示了宋代备茶之茶碾、茶盏、都篮、汤瓶、茶笼、茶铃等茶具。

在林林总总的茶器具中，最必需的标配是黑釉盏漆盏托。当时，斗茶艺术讲究茶汤色白者为上，蔡襄所谓"茶色白，宜黑盏，建安所造者绀黑，纹如兔毫，其坯微厚"，因便于观察白色的茶沫，黑釉瓷茶盏最受青睐。黑釉盏造型基本有两种：一为小浅圈足，斜弧腹，口沿直；另一种为撇口，如喇叭，小浅圈足，腹壁斜直。宋元时期

影青执壶

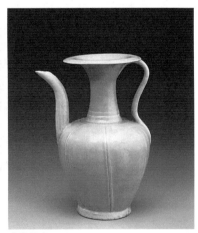

青瓷执壶

南北方都有黑釉瓷生产，且产量比较大，烧造的窑场有建窑、吉州窑、天目窑、淄博窑、平定窑等，尤以福建建窑和江西吉州窑质量最高。这些黑釉盏虽都以黑色釉为基本装饰，但通过独特的生产技艺和装饰手法，经过特殊加工或窑变，其烧造出的品类繁多，主要有兔毫斑、油滴斑、鹧鸪斑、玳瑁斑、剪纸贴花、木叶纹、黑釉印花、黑釉金彩、黑釉彩斑、黑釉剔花等花色，其中以建窑的兔毫盏和油滴釉最为著名。

　　漆器盏托是套叠黑釉盏的盏台，即日本茶道中的天目台，是精美绝伦、珍贵无比的陶瓷茶盏的辅助或配套茶器具。它一般高圈

青瓷香炉

日本贺滋县出土的12世纪水注

足外撇,给人以沉稳的感觉。盘口有圆形、荷花口、葵花口、海棠口等口沿造型样式,口径比茶盏口径略大。盘底心贯通有连盘凸起托圈,即托口,造型有点像盘中带了一只小茶瓯,以便天目茶碗或茶盏的圈足套嵌固定于盘中。天目台通常为木胎漆器,底色朱红,色泽沉实,与以黑褐色为基调的天目茶盏配套,呈现古雅朴实、厚重华茂的质感和美感。如果是漆雕、剔红或嵌贝,纹饰多为折枝或缠枝牡丹、菊花、宝相花、如意云纹等纹样,贝壳特有的银白晕彩珍珠光泽与朱红、暗红的底色富有对比效果,给人以高贵华丽、绚烂悦目的审美享受。

这种别具一格的瓷盏漆托配套茶具,在南宋十分流行。南宋吴自牧在记录临安(今杭州)的茶馆时说:"今之茶肆,列花架,安顿奇松异桧等物于其上,装饰店面,敲打响盏歌卖,止用瓷盏漆托供卖,则无银盂物也。"(《梦粱录》卷十六"茶肆")这里不仅记述了茶馆内装饰,而且明白无误地记载了当时茶馆内提供给客人点茶饮茶的器具是"瓷盏漆托"。这里的"瓷盏",毋庸置疑就是当时流行的点茶主器——黑釉盏,"漆托"就是漆器制作的盏托。"十二先生"中的"漆雕秘阁",就是雕漆茶盏托,"秘阁"指尚书省,又指皇家图书馆,"阁"与"搁"同音,故爵以"秘阁"。盏托用以承载、搁置茶盏,不易烫手,方便端用,故而名"承之",字"易持",号为"古台老人"。在日本和中国台北故宫博物院就珍藏有南宋朱漆盏托,国内还

磨茶（《撵茶图》局部）

点茶（《撵茶图》局部）

有出土器。

除了建窑黑釉盏，径山茶宴也采用其他瓷器，如汤瓶（即注子、执壶），主要是影青瓷或龙泉窑的产品。至于其他的茶具，如茶碾等，采用瓷器、石器、竹木器、金属器的不胜枚举。一次完美的茶宴，还需要置备香案、香炉、风炉、水盂、茶盘、茶匙等器具，以及香花、木炭等若干。

刘松年《撵茶图》中的风炉

元代斗茶之风虽趋式微，但其余绪流风仍不绝如缕，从元曲中的描写和赵孟頫《斗茶图》等资料看，它基本承袭了南宋的茶器具类型和造型，还具有当时中原文化和草原文化相融合的特点。从元曲中可以看到元代的瓷质茶具，造型深受宋代茶具的影响，却以白瓷为尚，彰显北方游牧民族粗犷、豪放的个性。元曲中提到的"雪瓯""玉杯""白玉碗"及"白玉壶"当是当时名贵的白瓷。元代普遍饮用的是与现代炒青绿茶相似的芽茶，芽茶泡出的绿色茶汤，以白瓷盛之，显得更为赏心悦目。人们因此逐渐看重白瓷，认为"洁白如玉，可试茶色"。而白瓷茶具的盛行，又与北方游牧民族尚白的审美观念相契合。也可以说，这是北方游牧民族审美观念在茶具上的表现。到了元代中后期，青花瓷茶具开始成批生产，特别是景德镇，成了青花瓷茶具的主要生产地。由于青花瓷茶具绘画工艺水平

1987年，杭州市朝晖路出土的元代瓷器中有白瓷盖及盖托

高，特别是将中国传统绘画技法运用在瓷器上，因此，这也可以说是元代绘画的一大成就。景德镇生产的青花瓷茶具，诸如茶壶、茶盅、茶盏，花色品种越来越多，质量越来越精，无论是器形、造型、纹饰等都冠绝全国，成为其他生产青花茶具窑场模仿的对象。元代茶具的这些变化，势必也会影响到径山寺茶会中使用茶具的风格。

[伍]茶宴仪轨和程式

根据宗颐《重雕补注禅苑清规》，我们不妨逐卷来择要检视一下有关茶事、茶礼、茶会的仪轨规定，从中可看出当时禅院生活与茶几乎到了须臾不可分离的境地。

第一卷规范僧人初入僧伽时的各种礼仪，如受戒时应该穿干净的僧服，受戒之后要护戒，初为出家人要学会辨认道具、东西装包、住寺挂单、吃饭喝茶、入室问讯等仪式。其中如"赴茶汤"规定：

院门特为茶汤，礼数殷重，受请之人，不宜慢易。既受请已，须知先赴某处，次赴某处，后赴某处。闻鼓板声（茶会开始时要击鼓打板——作者注，下同），及时先到。明记坐位照牌（每人座位都有名号字牌），免致仓皇错乱。如赴堂头茶汤，大众集，侍者问讯（合十鞠躬行礼）请入，随首座依位而立。住持人揖（作揖行礼），乃收袈裟，安详就座。弃鞋不得参差，收足不得令椅子作声，正身端坐，不得背靠椅子。袈裟覆膝，坐具垂面前。俨然叉手（叉手行礼），朝揖主人。常以偏衫覆衣袖，不得露腕。热即叉手在外，寒即叉手在内。仍以右大指压左衫袖，左第二指压右衫袖。侍者问讯烧香，所以代住持人法事，常宜恭谨待之。安详取盏橐（黑釉茶盏和漆器盏托），两手当胸执之，不得放手近下，亦不得太高。若上下相看一样齐等，则为大妙。当须特为之人，专看主人顾揖，然后揖上下间。吃茶不得吹茶，不得掉盏，不得呼呻作声。取放盏橐，不得敲磕。如先放盏者，盘后安之，以次挨排，不得错乱。左手请茶药（茶会上服食的一种药丸）擎之，候得遍相揖罢方吃。不得张口掷入，亦不得咬令作声。茶罢离位，安详下足问讯讫，随大众出。特为之人，须当略进前一两步问讯主人，以表谢茶之礼。行须威仪

分茶（《文会图》局部）

奉茶（《文会图》局部）

庠序，不利急行大步及拖鞋踏地作声。主人若送，回身问讯，致恭而退，然后次第赴库下及诸寮茶汤。如堂头特为茶汤，受而不赴［如卒然病患及大小便所逼，即托同赴人说与侍者］。礼当退位，如令出院，尽法无民，住持人亦不宜对众作色嗔怒［寮中客位并诸处特为茶汤，并不得语笑］。

这段文字除了佛门术语，几乎由白话写成，通俗易懂，仿佛是现在的学生守则，为当时僧人必须严格奉行的茶会注意事项。特别是第五卷规范"堂头煎点""僧堂内煎点""知事头首煎点茶""入寮腊次煎点""众中特为煎点""众中特为尊长煎点"等礼节程式，系接待寺院僧人与外面来的僧俗两界客人，以及寺院内部上下级之间和不同辈分之间待人接客的一些礼仪。这里的"煎点"指"煎茶点汤"，如"堂头煎点"：

侍者夜参（夜间打坐参禅）或粥前（僧人过午不食，但晚课茶会上会供应粥食），禀覆（禀报回复）堂头：来日或斋后，合为某人特为煎点。斋前，提举行者（负责茶会的专职僧人茶头）准备汤瓶、换水烧汤、盏橐茶盘、打洗光洁、香花、坐位、茶药（茶和药丸或汤剂）、照牌、煞茶，诸事已办，仔细请客。于所请客，躬身问讯云："堂头斋后特为某人点茶，闻鼓声请赴。"问讯而退。礼须矜庄（参加茶会举止行礼要矜持庄严），不得与人戏笑。或特为煎汤，亦于隔夜或斋前禀覆讫，斋后提举者准备盏橐煎点，并同前式。请辞云："今晚放参（指晚参结束，类似现在学生放学）后，堂头特为某人煎汤。"斋罢，侍者先上方丈，照管香炉位次。如汤瓶里盏橐办（此句疑有衍文或舛误），行人齐布茶讫。［香台只安香炉、香盒、药榛、茶盏各安一处。］报覆住持人，然后打茶鼓。［若茶未办而先打鼓，则众人久坐生恼。若库司打鼓，诸寮打板，并详此意，不宜太早。］众客集，侍者揖入，［方可煞鼓。］首座以下，次第进前，依照位立。［如见某人未到，则令再请，贵免住持人动念。侍亦不得仓皇。］候一时斋足，请住持人出。［如客有不一，

2009年9月1日，在径山寺客堂演示、摄制申遗专题片《径山茶宴》

侍者得住持人指挥（指示、命令或暗示），方退椅子。如住持人不指挥，则不得专擅移退。如客有不到，或诸事不在前，住持人不宜对众作色（不能当众生气作嗔，要不动声色，和悦安详），令客不安。〕或住持人先出椅前立，祗候大众，侍者揖客而进。亦可宾主立定，侍者于筵（指堂内铺排的僧众席位，类似筵席）外东南角立，略近前问讯揖客坐。〔侍者请客烧香，大小问讯，并代住持人行礼，受请者并须逐一恭谨，不宜慢易。〕

接下来详细规定烧香和吃茶的细节：

良久烧香。烧香之法，于香以东望住持人问讯，然后开盒上香。〔两手捧香盒起，以右手拈盒，安左打内，以右手捉香盒盖，放香台上，右手上香，向特为人焚之，却右手盖香盒，两手捧安香台上，并须款曲低细（指上香时整套动作要不紧不慢，柔和优雅，款款相续而富有韵致，仔细严谨，无有错乱。勿令敲磕或坠地）。〕更不问讯，但整坐具（禅椅、禅床、蒲团之类），叉手行诣（走到）特为人前问讯。〔有处众坐定，侍者先在主持人边立，请坐具及请香，以表殷重之礼。今香台边向住持人问讯，乃表请香之礼意者也。〕转身叉手依位立。次请先吃茶，次问讯劝茶，次烧香再请，次药遍请吃药，次又请先吃茶，次又问讯劝茶。茶罢，略近前问讯，收盏

取茶（《春宴图》局部　中国台北故宫博物院藏）

橐。次问讯离位。［侍者预令行者祗候，众客才起，便移转当面椅
子。特为人略近前一两步间，问讯而退，以表谢茶之礼。住持人送
客出，众客回身，同问讯而退。侍者即时指挥行者退椅子，收坐物
或扇子，折叠复帕及香台衣，收拾茶汤及盏橐，交点洗元。然后侍
者并供过行者吃茶罢，方可随意，免烦住持人尊重旨麾而已。］

　　如果是接待地方州县要员、护法檀越，其礼仪又有特别规定：

　　或本州太守、本路临司、本县知县［并系大众迎送，堂头并据主住。如在县下，住持即接，知县自余不须]。侍者烧香讫，住持人起云："欲献粗茶[或粗汤]，取某官指挥。"如其允许，方可点茶。如蒙叹赏，住持人但云："粗茶聊以表专，不合轻触。"

诸官入院，茶汤饮食，并当一等迎待。若非借问佛法，不得特地祗对[檀越施主]。或官客相看，只一次烧香，侍者唯问讯往持而已。礼须一茶一汤，若住持人索唤别点茶汤，更不烧香。[如檀越入侍，亦一茶一汤，不须烧香。]

堂头非泛请僧吃茶，临时旋请，侍者仍令行者安排坐位、香火、茶药讫，仍请主宾就坐。侍者正面问讯烧香[右手上香]，退身普同问讯。如点好茶，即不点汤也。如坐久索汤，侍者更不烧香也。或新到暂到外寺僧相看，只一次烧香，普同问讯，并合一茶一汤[侍者初见官客，并当肃揖，不须回避主人。平常僧俗，于主人前不得相与只揖问讯]。

从这里也可以看出，当时禅院茶会上所谓的"汤"，一是指点茶用的水，即汤瓶里烧煮的水，二是指与茶一样在茶会上服食的一种草药汤剂，有时也服食药丸，晚课夜参时则还要吃粥。由此可见，茶会并非光吃茶，还有药汤、药丸佐食，晚间茶会还有粥食供应。

再如寺院内部两序上下僧人之间的茶会，统称"堂内煎点"：

　　堂内煎点之法，堂头、库司用榜（指发布、张贴举办茶会的通知、告示），首座用状，令行者以箱复托之。侍者或监院或首座呈特为人礼请讫，贴僧堂门颊。［堂头榜在上间，若知事首座，在下间。］监院或首座于方丈礼请住持人，长板（指长时间打板，直到僧众都到位才停止）后众僧集定，入堂烧香，大展（佛门大礼，匍匐叩首，五体投地）三拜，巡堂请众。斋后堂前钟鸣，就座讫，行法事人先于前门南颊朝圣僧（指佛门护法伽蓝神宾头卢像，一般安奉茶堂正中位置）叉手侧立，徐徐问讯，离本位，于圣僧前当面问讯罢，次到炉前问讯，开香盒，左手上香罢，略退身问讯讫，次至后门特为处问讯，面南转身，即到圣僧前当面问讯，面北转身，问讯住持人，以次巡堂到后门北颊板头，曲身问讯，至南颊板头，亦曲身问讯，如堂外，依上下间问讯，却入堂内圣僧前问讯，退身依旧位问讯，叉手而立（这番行礼巡堂繁复之至，可见茶会礼节之严谨，日本后世盛行鞠躬或许与茶道"问讯"之礼有关）。茶遍浇汤，却来近前当面问讯，乃请先吃茶也。汤瓶出，次巡堂劝茶，如第一翻，问讯巡堂，俱不烧香而已。吃茶罢，特为人收盏。大众落盏在床（指禅堂里打坐的禅榻），叉手而坐。依前位烧香问讯特为人罢，即来圣僧前大展三拜，巡堂一匝（一周），依位而立。行药罢，近前当面问讯，乃请吃药也。次乃行茶浇汤，又问讯请先吃茶。如煎汤瓶出，依前问讯巡堂，再劝茶，茶罢依位立。如侍者行法事，茶罢先问讯，一时收盏囊出。特为人先起，于住持人前一展云："此者特蒙和尚煎点，下情无任感激之至。"又一展叙寒暄云："伏惟和尚尊体起居万福。"乃触礼（即以额叩地触首礼）三拜，送住持人出堂外。侍者于圣僧前上下间问讯讫，打下堂钟（僧堂茶会上下堂打钟而不击鼓，与大堂茶会似乎有别）。如库司或首座煎点茶汤了，先收住持人盏，众知事或首座于住持人前一展云："此日粗茶（或云'此日粗汤'）伏蒙和尚慈悲降重，下情不任感激之至。"又一展叙寒暄云："伏惟和尚尊体起居万福。"乃触礼三拜，第三拜时，住持人更不答拜，但问讯大众，以表珍重之礼。作礼竟，送住持人出堂。行法事人再入堂内圣僧前，上下间问讯收盏罢，再问讯，打钟出堂外。首座亦出堂外，与众知事触礼三拜。如首座特为书记，书记亦先出堂外，与首座触礼三拜而散。

看来僧堂内禅僧们的茶会礼节，一点都不亚于大堂茶会之苛严，从巡堂和问讯看，甚至有过之而无不及。此外，还有"知事头首煎点""入寮腊次煎点""众中特为煎点""众中特为尊长煎点"等，规定细致繁复，几近苛刻严厉。其他各卷有关寺内种种规定，大多也要请茶、煎点（以上参引自宗颐《重雕补注禅苑清规》各卷）。

《禅苑清规》堪称是严格约束僧人言行举止的准则，从上述参引条目看，其严格、详尽、具体超乎想象，其间茶事之繁复多样也几乎无处不在,无事不用,无礼不茶,无时无刻没有茶。饮茶实际上已经成为僧人出家生活和修持的一种习以为常的方式和方法。

正如前述《禅苑清规》所严格规范的各种类型茶会礼仪,有着大同小异的程式或流程,但没法认定哪一种程式或流程是标准的或正式的。笔者在2009年承担径山茶宴项目申报国家级非物质文化遗产名录工作时,曾综合《禅苑清规》中各种茶会程式,创造性地复原了一套"径山茶宴程式",作为"申遗"文本的核心部分,并在径山寺客堂按照这套程式设计脚本,排演、拍摄了"申遗"专题片《径山

黑釉盏与抹茶沫饽

茶宴》。这套程式演绎了禅院茶会的主要环节,具有一定的仪式性、观赏性和艺术性,故而被专家和社会所认可。这里,根据原版设计程式,再斟酌近年来的研究心得,对适合演示的径山茶宴基本程式完善设计如下:

1. 张茶榜:举办茶宴前,先要书写茶榜,表明何人因何事于何时、何地举行茶会,请哪些人与会,然后张贴于明月堂外。茶会前,侍者要复托茶榜恭呈首座。

2. 设茶席:明月堂内上悬"明月堂"匾,侧挂"茶禅一味"轴,正壁供佛祖像或挂无准师范等祖师像。堂中设茶桌椅。正中上座设首座法席,左右依次设士僧茶席各四席,首座对面设二席,高背靠椅十张。置备茶具。

3. 击茶鼓:诸事准备妥当,传司鼓敲茶鼓。受请僧众闻茶鼓声,赴明月堂。知客向僧众叉手问讯,礼请士众雁行入堂,随首座位子依位肃立。

4. 研茶煎汤:茶头、行者二三人研茶煮汤。以碾(或石臼、磨盘)研茶(团茶,或以散茶代之),细末如粉,以细丝铜罗筛之,盛于瓷或锡茶瓶中;以风炉发竹木炭,以注壶汤瓶烧水候用。

5. 礼请住持:僧众整齐肃立,侍者乃就堂头礼请住持;一展云:"今晨斋退,堂中特为首座煎点,敬请和尚与大众相伴,伏望慈悲,特赐开允。"

6. 问讯行礼：侍者引住持入堂，行至首座前面众立定，行问讯礼，士众俨然朝住持作揖。

7. 上香礼佛：礼毕，侍者趋前，作揖问讯，恭请住持主持茶宴。住持颔首，转身行至圣僧龛（原僧堂奉圣僧，也可奉佛祖或祖师）前，拈香上香。

8. 安详入座：礼毕，住持回到首座前，收袈裟，安详入座法席，正身端坐，袈裟覆膝。扶手圈椅铺设锦缎。士众依次安详入座。

9. 巡堂行盏：坐毕，茶头、行者提瓶、托盘上堂，准备分盏点茶。

10. 提汤点茶：放盏于前，茶头以茶勺分付研膏细罗茶末适量于盏。行盏毕，茶头执汤瓶上，绕席为士众盏中点注。

11. 说偈吃茶：点茶毕，侍者请首座和尚说偈。说毕，宾主双手取盏，闻香、观色，然后端举胸前，颔首示意，举盏吃茶。

12. 评茶品点：吃茶毕，整齐安放茶盏于前；主客评点茶汤，交流体悟心得；茶头以瓷盘奉精制甜点或应时果品碟于席，请吃茶点。也可增加药茶一品。

13. 起身离席：住持起身，叉手告退；士众起身离座，依位而立，面住持作揖，候住持离席。

14. 主客谢茶：侍者唱曰："退堂！"士众代表略进前一两步，叉手行礼，以表谢茶之礼。

15. 雁行退堂：住持颔首致意，侍者引住持出堂。士众随即雁行退堂，行走时叉手在胸，威仪至恭。至此，茶宴毕。

这套组合起来的程式设计其实是有根据的。如"谢茶"，《禅苑清规》第六卷中有"谢茶"一条：

> 堂头置食点茶特为罢，如系卑行之人，即时于住持人前大展三拜。如不容，即触礼三拜。如平交已上，即晚间诣堂头陈谢词云："此日伏蒙管待，特为煎点，下情无任不胜感激之至。"（古人云：谢茶不谢食也。）拜礼临时知事头首特为茶汤，并不须诣寮陈谢。如众中平交特为煎点，须当放参前后诣寮谢之。

日本东福寺"四头茶礼"

这说明禅院对茶礼十分重视，赴茶会吃茶，必须谢茶，只是谢茶之礼按照主客身份高低、年龄长幼而有所区别。

当然，随着对禅院茶会礼仪和程式研究的深入，径山茶宴的程式可以进一步完善，在尽量接近历史原真性的同时，适当创新编排，合理组合，有机衔接，以使这一国家级"非遗"项目被更好地传承，重放异彩。

[陆]以茶参禅

禅宗是佛教在中国发展最具特色和活力、传播最广、影响最大的一个宗派，也是与茶结缘最深的佛门教团。尤其是宋元时期盛行于江南地区的临济宗，在传授、接引方面有一系列独特的手法。

北宋以降，唐朝开始形成的禅宗"南渐北顿"两派，转而从原

径山寺僧人坐禅饮茶

来的"不立文字"演变为"不离文字",形成出所谓"公案"生发的文字禅。"文字禅"的兴起和发展,与禅僧生活方式、修行方式的改变直接有关,与宋代士大夫普遍喜禅紧密相连。"文字禅"是指通过学习和研究禅宗经典来把握禅理的禅学形式。它以通过语言文字习禅、教禅,用语言文字衡量迷悟和得道深浅为特征。以语录公案为核心展开的文字禅,经历了四个发展阶段,分别形成了四种形式:"拈古",以散文体讲解公案大意;"代别",对公案进行修正性或补充性解释;"颂古",以韵文体裁对公案进行赞誉性解释,类似禅诗;"评唱",结合经教对公案和相关颂文进行考证、注解,以发明禅理。前两者起源于宋代以前,后两者起源于北宋。

禅宗从注重直观体验的证悟转向注重知性思维的解悟,是促成文字禅兴起并走向昌盛的思想动力。到南宋初年,具有不同社会功能及修行功能,反映不同思潮的文字禅、默照禅和看话禅,成为禅学中既相互独立又不可分割的三大组成部分,共同塑造了中国禅学的整体面貌和精神。这当中,又以临安径山寺高僧大慧宗杲开创的看话禅与禅院茶会密切相关,即在茶会吃茶时,住持僧或茶汤会的会首要说偈开示,或参话头、斗机锋,僧徒或主宾之间应对酬答。

看话禅是宗杲在批判默照禅过程中形成并完善起来的。所谓"看话",指的是参究话头;而"话头"指的是公案中的答语,并非公案全部。通过参究话头的长久训练,促成认识上的突变,确立一种视天地、彼我为一的思维模式，这样才能获得自我，达到自主，在现实生活中任性逍遥。大慧宗杲看话禅的"话头"有特定的要求，其来源是临济义玄的"三玄三要"。禅僧师徒之间的应酬答话中，要根据学人层次不同下语，答语要能制止对方做知见上的解释。这种句式的基本要求在于不涉理路，要求杜绝思量分别、知见解会。话头作为宗杲看话禅参验的手段，要求具有启悟的功能。能引来奇思玄解的是死句，而能让人言语道断、心行处灭的才是活句。宗杲平素所用的话头只有六七个，即"庭前柏树子""麻三斤""干屎橛""狗子无佛性""一口吸尽西江水""东山水上行"和"云门露字"，而其最常用的是"狗子无佛性"。而在《禅苑清规》中，收录有一百二十条类似的问题参考题，如敬佛法僧否、求善知识否、发悟菩提（心）否、信入佛位否、古今情尽否、安住不退否、壁立千仞否、斋戒明白否、身心闲静否、常好坐禅否、绝默澄清否、一念万年否、对境不动否、般若现前否、言语道断否等，内容几乎无所不包。宗杲看话禅是一个操作性很强的系统，起疑、参话头、悟、证、修行，强调以妙悟为力准的；一方面批判文字禅斗机锋的流弊，另一方面批判默照禅的只管打坐、修证一如；特别将"悟""证"拈出，悟了还要证，而证却不能仅凭参公案，颂古、评唱，还要结合实践。参禅悟道在宗杲看来完全是一种可操作的训练行为。经历一番参究，心头没滋没味正是启悟的最好时节，此时参破话头，则豁然洞开。在这个参究过程的每一个环节，禅僧无时无刻、无处不在参用各种茶事茶会形式。从《禅苑清规》关于僧堂茶汤会的详尽规定看,宋元时期的江南禅院都在流行以茶参禅的修习方法,许多高僧大德都是精于茶事、主持茶会的茶人。完全可以说,禅僧要参悟的佛道出自茶汤,源于茶会。

在日本茶道界盛传着这样一桩公案:一日,被后世尊为日本茶道开创者的村田珠光(1423—1502)用自己喜爱的茶碗点好茶,捧起来正准备喝的一刹那,他的老师一休宗纯(1394—1481)突然举起铁如意棒大喝一声,将珠光手里的茶碗打得粉碎。但珠光丝毫不动声色地回答说:"柳绿桃红。"对珠光这种深邃高远、坚忍不拔的茶境,一休给予高度赞赏。其后,作为参禅了悟的印可证书,一休将自己珍藏的圆悟克勤(1063—1135)禅师的墨迹传给了珠光。珠光将其挂在茶室的壁龛上,终日仰怀禅意,专心点茶,终于悟出"佛法存于茶汤"的道理,即佛法并非什么特殊的形式,它存在于每日的生活之中,对茶人来说,佛法就存在于茶汤之中,别无他求,这就是"茶禅一味"的境界。村田珠光从一休处得到了圆悟的墨宝以后,把它作为茶道的最高宝物,人们走进茶室时,要在墨迹前跪下行礼,表示敬意。由此,珠光被尊为日本茶道的开山祖,茶道与禅宗之间确立了正式的法嗣关系。

这则公案旨在借用中国禅门机锋棒喝一类的公案,喻示村田珠光获得一休宗纯的认可,从而确立其茶道开山祖之地位。村田珠光从一休宗纯那里得到的杨岐派祖师圆悟克勤的墨迹，现在已成为日本茶道界的宝物。作为禅门领袖，圆悟克勤的法系子孙成为南宋和元代兴盛江南的临济宗各大禅院的骨干中坚力量，继承他法统的径山弟子大慧宗杲、密庵咸杰、无准师范、虚堂智愚、兰溪道隆、无学祖元等南宋临安径山禅寺的禅门宗匠，都对禅院茶会的实践、禅茶一味的流播和对日本茶道的影响，发挥了直接而巨大的作用。

　　"茶禅一味"的思想渊源，毫无疑问源于赵州和尚、圆悟克勤等禅宗临济宗众多高僧大德制定、实施、推广、传播禅院修持法事活动、僧堂生活与茶事礼仪相结合的实践，但是，除了《禅苑清规》，其他高僧语录如圆悟克勤的《碧岩录》以及现存的众多禅门公案等文献，却很少提到茶事、茶会、茶礼，更没有出现"茶禅一味"这样的表述或提法。长期以来，国内茶文化界由于缺乏深入的学术交流和信息不对称等原因，曾误传日本茶道界有所谓的圆悟克勤的"茶禅一味"四字真诀墨宝。而实际上，日本茶道界本来就没说有圆悟克勤书写的四字墨宝，他们崇敬备至的只是圆悟克勤写给弟子虎丘绍隆的《印可状》而已。难怪乎有人为了找到"茶禅一味"的出处，证明村田珠光从一休宗纯那里得到的并非是圆悟克勤墨迹"茶禅一味"，查阅了各个版本的《大藏经》、禅宗语录，都没有"禅茶"或"茶禅"的记录，也没有"禅茶一味"或"茶禅一味"这种特别的提法。茶事、茶会、茶礼在当时的禅院法事活动和僧堂生活中无所不在、无处不在，就如同常人吃饭、睡觉一样稀松平常、必不可少。有人统计，在《大正藏》的"诸宗部""史传部"中提到"吃茶"二百五十四处，《景德传灯录》中二十多处，其他的如《祖堂集》《五灯会元》等僧录和高僧语录中也有茶事记录。也许从史证角度看这已经不少了，但从当时实际茶事活动之频繁、茶会次数之多来看，这大概也不过是九牛一毛而已。

日本茶道源自禅道，而日本禅宗临济宗杨岐派的嗣法弟子，绝大多数都系出自圆悟克勤门下的径山弟子。在径山寺大开禅茶宗风，把种茶、制茶、茶会融入禅林生活，创立参话头的看话禅，留下诸多语录的大慧宗杲，正是圆悟克勤的法嗣。

禅茶结缘由来已久，赵州和尚"吃茶去"其实是临济宗参禅法门之一，"罗汉供茶"可谓禅门茶事、茶礼雏形之一。宋元时期江南禅院正是通过无时不有、无处不在的茶事、茶会实践来参悟禅意真趣，了悟佛法大意，而所谓"茶禅一味"不是什么圆悟克勤的传世真诀，而是日本茶道的开山之祖村田珠光通过吃茶而参悟的禅茶心得。以圆悟克勤法嗣为主的宋元时期径山寺僧人，正是"茶禅一味"的实践者和参究者。长年累月从不间断的寺院茶会，将参禅与吃茶有机地结合起来，以茶参禅，说偈语，参话头，斗机锋，使禅院茶会别开生面，意境高古，影响深远，把中国古代禅茶文化推向登峰造极的地步。

三、径山茶宴的主要特征

在中国茶文化的历史长河中，径山茶宴继承了汉魏至南朝在巴蜀、江南地区发祥的品茗饮茶传统，发扬了中唐以后大兴天下的茶会清雅和悦的茶风，融合了禅院清规、儒家礼法和点茶新技法而自成一体，独具一格，开启了明清散茶冲泡的清饮风尚，并成为日本茶道和近现代茶话会的共同起源。

三、径山茶宴的主要特征

[壹]历史悠久

因唐代开山祖法钦禅师植茶采制以坐禅供佛、陆羽在径山东麓双溪撰著《茶经》，径山茶宴逐渐兴起。两宋时期，径山茶会因径山寺和临济宗的发展而大盛，并于《禅苑清规》中得到规范，体制完备，礼法庄严，程式规范，臻于鼎盛。尤其在南宋时，随着临济宗杨岐派在江南地区的一枝独秀和在日本的开宗分派，径山茶宴泽被江南，流韵东瀛，独特的饮茶仪式代相传承，绵延不绝，迄今已有一千二百余年。

在中国茶文化的历史长河中，径山茶宴继承了汉魏至南朝在巴蜀、江南地区发祥的品茗饮茶传统，发扬了中唐以后大兴天下的茶会清雅和悦的茶风，融合了禅院清规、儒家礼法和点茶新技法而自成一体，独具一格，开启了明清散茶冲泡的清饮风尚，并成为日本茶道和近现代茶话会的共同起源。

[贰]程式规范

径山茶宴是佛教禅宗修行戒律、僧堂仪轨、儒家礼法、茶艺技法和器具制造等的完美结合，是禅文化、茶文化、礼文化在物质和精神上的高度统一，涉及禅学、茶道、礼乐、茶艺、书画、园林、建筑、民俗等传统文化领域，以及茶具、饮食、服饰、家具、匾额、插花等传统技艺。单是茶具，其名目、功能、器形、材质、工艺就花样繁多。

  径山茶宴是中国茶会、茶礼发展历程中的最高形式，形成了一整套完善、严密的礼仪程式。如果把从发茶榜到谢茶的全过程进行分解，其一招一式多达数十个环节，其中的任一举止动作都有严格规定。如叉手礼，务须以偏衫覆衣袖，不得露腕。热即叉手在外，寒即叉手在内，以右大指压左衫袖，左第二指压右衫袖。再如士众入座，务须安详，正身端坐，弃鞋不得参差，收足不得令椅子作声，不

悬挂"和敬清寂"立轴的日本茶堂

得背靠椅子。举盏时要当胸执之，不得放手近下，亦不得太高，若上下相看，一样齐等，则为大妙。如此等等，不胜枚举。

[叁]仪式感强

径山茶宴的举办依时如法，环境清雅，堂设威仪，庄重典雅，礼数殷重，行仪整肃，举止安详，和颜悦色，古雅清绝，格高品逸，禅茶一体，僧俗圆融，可谓佛门高风，茶会至尊。僧人与会，如做功课，一丝不苟，得修持、参禅理、悟真如。士俗参与，如赴法会，清净凡心，安神宁志，涤烦去浊，身心舒泰。这真是禅茶同味，韵味无穷，清雅融和，禅院清风。

在径山茶宴上，尽管同样采用当时流行的制茶工艺（也有学者

日本建仁寺"开山祭"奉茶仪式

认为是蒸青散茶)和烹点技法,甚至茶道具也是流行的形制、材质和样式,但却与社会上如士林、宫廷、民间的茶会、茶宴、茶事的性质大有不同。禅院茶宴上的茶,并不是用来解渴的饮料或疗疾的药物,也不是文人、官僚乐此不疲的斗茶游戏,而是一种被赋予了礼法和神格的"法食"。参加茶宴,不仅是参加一种庄严的仪式,也是一次修持的体验,更是一次精神的体悟、灵魂的洗礼。与世俗茶会重视茶的品质、茶汤的色香、陶醉于斗茶的情趣不同的是,在禅院茶宴上,茶的味道本身并不重要,因为品评茶味不是主要目的。

僧俗之间的礼节,如叉手、问讯、作揖等,及僧人主从之间在什么情况下行大展、触礼或只需问讯,都有严格规定。从其中"依时""如法""软语""雁行""肃立""矜庄""殷重""躬身"等词汇,即可知其严苛程度,不仅程式规范,而且具有浓郁的仪式感。

[肆]影响广泛

径山茶宴作为中国禅门清规和茶会礼仪结合的典范,对当时和后世产生了广泛而深远的影响。尤其是在传播日本以后,径山茶宴与日本本土文化相融合,几经演变,发展成为在世界范围内拥有巨大影响力和知名度的日本茶道。径山茶宴为人类文明的发展和社会进步,为人类文化的多元化和生活方式的多样化,做出了杰出的贡献。

四、径山茶宴的重要价值

径山茶宴作为禅茶文化的载体和完备的禅院茶礼，蕴含着丰富的历史、艺术、禅学、科学等人文价值，堪称人类文明的瑰宝。

四、径山茶宴的重要价值

　　径山茶宴作为禅茶文化的载体和完备的禅院茶礼，蕴含着丰富的历史、艺术、禅学、科学等人文价值，堪称人类文明的瑰宝。

[壹]历史价值

　　径山茶宴具有一千二百多年的漫长发展历史，几乎与整部中国佛教禅宗发展史和茶文化发展史相一致，而且紧密融合在一起。径山茶宴内涵丰富，底蕴深厚，具有历经岁月持久不衰的历史价值。从径山茶宴的变迁兴衰历史，可以洞察禅茶文化与生俱来、相辅相成

径山茶园

的亲缘关系。禅得茶而兴，茶因禅而盛，禅茶一体，相伴而生，你中有我，我中有你，在禅茶一味的境界里，提升了中华民族的精神品格。从佛教发展史看，禅宗的盛行和一枝独秀，标志着外来印度佛教文化的中国化，也标志着佛教与儒教、道教三教合一的完成和世俗化、社会化的深入发展，体现在径山茶宴上，就是把禅院清规、修持仪轨与儒家礼法（如师道尊严、尊卑贵贱、长幼有序等）、士林茶会技艺等融合在一起，营造出品格清绝、气氛庄谨、礼法繁缛、心境和悦的茶会境界。从茶文化史发展的角度来看，径山茶宴把中唐以后在禅僧士林中出现的茶会推向了极致，形成了高度程式化的茶会礼仪，在茶的社会功能中别开生面，具有了传法播道的功能，使茶在以茶待客、以茶会友之外又具有以茶结缘、以茶播道的功能，从而

丰富并极大地提升了中国茶文化的内涵和品格。如果从径山茶宴涉及的茶堂、茶具、点茶技艺等物质层面来看,则在相应的园林建筑、工艺美术、书画等专门文化史领域也都有可圈可点的闪光处。径山茶宴的历史折射出了整部中国禅茶文化史所蕴含的悠久历史、光辉成就、灿烂文化和民族气质。

[贰]艺术价值

径山茶宴把严苛的清规戒律、庄严肃穆的修持仪轨与儒家礼法、茶艺技法高度完美地结合起来,通过茶宴的形式把清规戒律高度程式化,变成既可以亲身参与又可以欣赏品评的礼仪性茶会。在茶宴的举办上,讲究依时如法、堂设威仪、环境清幽,要求做到主躬客庄、遵章守礼、不可简慢,甚至对每个人的言行举止都有严格规定,力求做到外严内和、庄谐有度,追求一种和敬、庄谨、清雅、禅悦的至高境界,具有高古绝伦、清雅无比的艺术风格。更为可贵的是,作为一种禅院面向世俗社会举办的茶事活动,它仿佛是古代的行为艺术,给人带来难得的身心享受和艺术熏陶。

[叁]科学价值

径山茶宴作为古老的禅茶礼仪,是中华禅茶文化的瑰宝,承载着丰富多彩的历史文化信息和科学价值,对礼仪和行为学、园林建筑和环境科学、茶艺和茶科学、茶具制作和工艺美术、心理学和精神治疗等,都有很高的科学研究价值。

[肆]对外交流价值

作为佛教文化和儒家文化相结合而发展起来的禅宗文化,与江南茶文化相融合,进而被移植、传播到日本,在那里又与日本的本土文化相融合,形成兼容汉、和文化特征的风格独具的日本茶道文化,这是中外文化交流结出的文明硕果。

[伍]旅游文化价值

径山茶宴起源于径山,它对地方经济和佛教文化发展产生过巨大影响。对它进行恢复性保护,既是传承与弘扬优秀传统文化、保护历史文化遗产的需要,也是古为今用,化腐朽为神奇,使径山茶宴恢复生机,为地方经济发展和和谐社会建设发挥作用的需要。径山茶宴完全有条件通过挖掘、研究,开发成为符合现代人旅游度假、休闲养生所需的文化旅游产品,包括专题茶会、精制禅茶、特色茶具及特定旅游线路等,为地方旅游经济发展和知名度的提高发挥积极有效的作用。

五、径山茶宴与日本茶道的渊源

径山寺是日本禅宗的发祥地，是日本流派纷呈的禅宗法系的本山祖庭，对日本禅宗发展的影响至深至远。

五、径山茶宴与日本茶道的渊源

径山茶宴在南宋时发源于都城临安（今杭州）余杭县径山万寿禅寺，其后流播于江浙一带的江南禅院；南宋后期至元前期，被完整移植到镰仓时代（1185—1333）、室町时代（1336—1573）的日本博多、镰仓、京都、奈良等名城古都禅宗寺院，到江户时代（1603—1867），发展成为广为流传的日本茶道。

[壹]临济宗东传与日本禅宗

临济宗是禅宗南宗的五个主要流派之一，由临济义玄（？—867）始创。他在镇州（今河北正定）滹沱河畔建临济院，弘扬希运禅师所倡启的"般若为本、以空摄有、空有相融"的禅宗新法，主张"以心印心，心心不异"，要求弟子和信徒首先必须建立对佛法、解脱和修行的"真正见解"；确立"自信"，相信自己"本心"与佛、祖无别，无须向外求佛求祖，寻求解脱成佛；主张修行不离日常生活。义玄上承曹溪六祖惠能，历南岳怀让、马祖道一、百丈怀海、黄檗希运的禅法，以其机锋凌厉、棒喝峻烈的禅风闻名于世。这种禅宗新法因义玄在临济院举一家宗风而大张天下，后世遂称之为"临济宗"。在禅门五宗中，临济宗流传时间最长，影响最大。

临济宗又分黄龙和杨岐两派。临济宗杨岐派祖庭在今江西省萍乡市杨岐山普通寺,为北宋杨岐方会禅师所创。杨岐派在黄龙派衰落后一枝独秀,鹤立江南,子孙遍天下,几乎取禅宗甚至佛教而代之,在中国佛教史上有着重要的地位和深远的影响。

在宋元时期,禅宗除了曹洞宗经道元等先后东传日本外,临济宗在东传日本过程中开宗立派,瓜瓞绵延,在镰仓、室町时代出现的禅宗二十四流派中有二十派系出临济,到近世形成的禅宗十四派中,除了师承黄龙派虚庵怀敞的千光荣西开创的千光派外,其他十三派都出自径山临济禅系杨岐派。

南宋时的径山是独领时代潮流的思想高地,雄踞南宋各寺之

日本京都建仁寺茶碑

流派名	派祖名讳	流派形成寺院	派祖嗣法祖师	与径山万寿禅寺关系
道元派	希玄道元	永平寺	长翁如净	道元入宋后第一个师父无际了派是径山祖师大慧宗杲的法孙，道元也到径山参谒浙翁如琰。
圣一派	圆尔辨圆	东福寺	无准师范	无准师范是径山34代祖师
法灯派	无本觉心	兴国寺	尤门慧开	曾在径山痴绝道冲门下参学，并在日本传播径山豆豉酱制作技艺
大觉派	兰溪道隆	建长寺	无明慧性	兰溪道隆属径山25代祖师密庵咸杰的法孙
兀庵派	兀庵普宁	建长寺	无准师范	无准师范是径山34代祖师
大休派	大休正念	净智寺	石溪心月	石溪心月是径山36代祖师
法海派	无象静照	佛心寺	石溪心月	石溪心月是径山36代祖师
无学派	无学祖元	圆觉寺	无准师范	无准师范是径山34代祖师
一山派	一山一宁	南禅寺	顽极行弥	一山一宁属径山35代祖师痴绝道冲的法师
大应派	南浦绍明	建长寺	虚堂智愚	虚堂智愚是径山40代祖师
镜堂派	镜堂觉圆	建长寺	环溪唯一	镜堂觉圆属径山34代祖师无准师范的法孙
佛慧派	灵山道隐	建长寺	雪岩祖钦	灵山道隐属径山34代祖师无准师范的法孙
明极派	明极楚俊	南禅寺	虎岩净伏	虎岩净伏是径山44代祖师
愚中派	愚中周及	佛通寺	即休契了	愚中周及属径山44代祖师虎岩净伏的法孙
别传派	别传妙胤	建长寺	虚谷希陵	虚谷希陵是径山47代祖师
古先派	古先印元	建长寺	中峰明本	中峰明本是径山34代祖师无准的三传弟子
大拙派	大拙祖能	建长寺	千岩元长	千岩元长是中峰明本的弟子
中岩派	中岩圆月	建仁寺	东阳德辉	中岩圆月属径山46代祖师晦机元熙的法孙

日本禅宗流派与径山寺的渊源

首。大慧宗杲以儒道说佛，倡导儒禅一致、教禅融合倾向的禅风。在其大力倡导下，径山一脉逐渐走上了儒禅合流的道路，在积极宣扬禅宗的同时，又在教内提倡教禅合一之说，在教外提倡三教一致思想。无准师范入住径山后，继承前代传统，糅儒佛道为一体，进一步弘扬临济宗杨岐派禅法，加上径山历来嗣法制度严格，规矩森严，非到其自身真正彻悟决不轻易承认为授证之徒，凡径山出师之徒，往往能各承一方。

日本镰仓时代初期的禅宗，如荣西、圆尔、心地觉心等宣扬的都不是"纯粹禅"，而是"兼修禅"。荣西创建的建仁寺既行菩萨大戒,又修台密事业。禅宗融合了儒家、道教、玄学等思想,是按中国人的思想和习惯建立起来的最中国化的佛教,自然只有到中国才能学习到最正统的禅宗。日僧觉阿到中国跟从佛海禅师学习禅宗的杨岐派禅法,四年后回国,第一次将临济禅传入日本,但由于没有设立

日本福冈(博多)圣福寺大殿

门庭加以传授，无论是当时还是后世都影响甚微。其后，早期入宋僧回国，相继在日本开宗立派，成为各宗各派的始祖。如荣西回国后创临济宗，俊芿重振律宗，道元成为曹洞宗的始祖，都在日本宗教发展史上留下了辉煌的一页。如宋庆元五年（1199年，日本正治元年），日本台律的中兴者、泉涌寺开山祖不可弃俊芿入宋求法，曾访天台、雪窦，后登径山拜谒第三十代住持蒙庵元聪禅师。嘉定十七年（1224年），日本曹洞宗始祖希玄道元到明州育王、天台后，也曾经到杭州径山拜谒当时的住持浙翁如琰禅师，并受到禅师的热情相待。

　　到南宋中后期，径山成了入宋僧参谒嗣法的圣地，为嗣法而来

日本京都建仁寺大殿

的日僧明显增多，或游方参谒，或住山拜师，或书偈往来，五山之中的径山寺成了与日本关系最为密切的寺院。而圆尔辩圆是第一个真正嗣法径山寺第三十四代住持无准师范的日僧。圆尔辩圆继荣西之后促进了临济宗在日本的确立，其门派在古代日本禅宗二十四派中为"圣一派"，是为后

无准师范画像

世日本五山派的主要流派，近代日本临济宗十四派中的东福寺派奉圆尔为开山祖。无准门下"四哲"兀庵普宁、别山祖智、断桥妙伦、西岩了惠，都为日本禅学的繁荣做出了各自的贡献。后来渡日的灵山道隐、镜堂觉圆都属无准法系禅师，开创日本黄檗宗的隐元隆琦，其法源也是无准师范。入宋求法的性才法心、樵谷惟仙等人，受传于无准法系。后世来华的古先印元、复庵宗己、远溪祖雄、无隐元晦、业海本净、明叟齐哲等一批日僧，亦出自无准四代法孙中峰明本禅师法统。圆尔辩圆和无学祖元门下，更是人才辈出。如奠定日本五山文学基础的梦窗疏石就是无学祖元的法孙，日本位居五山之上的南

禅寺的开山无关普门、日本第一部佛教史《元亨释书》的作者虎关师铼，都出自圆尔辩圆的系统。还有义堂周信、春屋妙葩、绝海中津等一大批日本五山文学史上如雷贯耳的僧人，也都是无准法系的。在日本禅宗史上，有"古来日本禅宗二十四派中三分之一为无准法孙"之说，日本禅宗因此中兴。

南宋以后，临济禅黄龙派渐衰，杨岐派中以松源崇岳（1139—1209）为首的松源派和以破庵祖先（1136—1211）为代表的破庵派日益强盛。大成松源、破庵派法门当推虚堂智愚（1185—1265）和无准师范，由入宋求法僧和渡日传法僧传入日本的即是松源、无准两系统为代表的临济禅。如按师承关系将日本临济宗的法系大致分为无准和松源两派，那么圆尔辩圆就是无准一派最主要的代表人物，是他及其门人在京都以东福寺为根据地，与镰仓的无学祖元及其门人一道在日本建立了无准一派的法幢，为无准一派在日本的流播做出了杰出的贡献。在后来盛行于日本的禅宗二十四派中，除曹洞宗三派外，其余俱属临济，临济宗占有绝对优势。而在临济宗中，除荣西所传者外，又均属圆尔辩圆等的杨岐禅法。

镰仓幕府在积极吸收、支持和保护新兴临济禅的同时，还模仿南宋末年以临安府为中心设置的五山十刹制度，在镰仓设置了建长、圆觉、寿福、净智、净妙等五山制度。元弘三年（1333年），北条氏灭亡、镰仓幕府崩溃后，与武家的镰仓五山相对，公家（朝廷）以京都为中心也设立了天龙、相国、建仁、东福、万寿寺五山制度,南禅寺另居五山之上。五山制度的设置,包括了临济宗诸派绝大部分寺院,确立了临济宗在日本佛教界的稳固地位,迎来了日本禅宗发展史上的繁荣期。

日本镰仓时代至室町时代,临济禅不断弘扬、发展,先后分立为建长寺派、圆觉寺派、南禅寺派、东福寺派、天龙寺派、相国寺派、建仁寺派、大德寺派、妙心寺派、方广寺派、永源寺派、向岳寺派、佛通寺派、国泰寺派等十四派(亦称"十四大本山"),现有寺院五千八百余所。

日本福冈(博多)承天寺

日本南北朝时代，朝廷与幕府分庭抗礼，日本禅宗史上又出现了在五山官寺制度保护下以京都为中心蓬勃展开的五山派和以地方为布教中心的林下派（针对五山丛林而言）。五山派主流的中心人物为无学祖元的法孙梦窗疏石。其门下春屋妙葩、绝海中津、义堂周信等高僧辈出，掌握了五山派教团的主导权。五山派教团的展开不仅弘扬了临济禅风，而且对室町时代的政治、经济、文化、外交诸方面产生了巨大影响。这一时期的另一代表人物是与梦窗疏石之师高峰日显同时被称为"禅门双璧"的入宋求法僧南浦绍明门下的宗峰妙超。世称南浦绍明一派为"大应派"，大应派中一部分属五山派，宗峰妙超的大德寺派及其嗣法关山慧玄的妙心寺派属林下教团。世称"大应派"的三祖师为应、灯、关，即大应国师南浦绍明、大灯国师宗峰妙超、无相大师关山慧玄。应、灯、关属临济宗杨岐派松源禅，由兰溪道隆和南浦绍明传入日本。大德寺与妙心寺为临济宗林下派两大重要教团，传承至今，信徒众多，宗门鼎盛。宗峰妙超秉承南浦绍明衣钵，弘扬临济禅风，在京都开创了大德寺，后受花园天皇及后醍醐天皇皈依。妙心寺开山祖关山慧玄为其嗣法弟子。大德寺与妙心寺门流以地方为兴禅、示教活动中心，获得了地方广大士、农、工、商阶层的皈依。此外，大灯派还以堺市港为据点兴禅布教，形成了茶禅一致的禅风。关山派出现了自隐、仙崖等庶民禅者，形成的庶民禅源远流长，传承至今。

径山寺是日本禅宗的发祥地，是日本流派纷呈的禅宗法系的本山祖庭，对日本禅宗发展的影响至深至远。

[贰]清规移植与日本茶道

（一）日本茶道

径山临济禅传灯东瀛，在日本幕府统治时期，禅宗大兴，以至

日本茶道里千家

日本茶道的"床间"禅意甚浓

于深刻影响了近世日本民族文化的形成和风格特征，在武士道精神、国民性格、哲学、美学、文学、书画、建筑、园林、陶艺、饮食、茶道等众多领域，无不留下了宋元径山禅僧的历史记忆和文化印记。这当中，最引人瞩目的是禅院清规的传播与日本茶道的形成。日本茶道草创于镰仓时代和室町时代前中期，相当于中国的南宋、元和明代前半期。草创期起重要作用的禅僧有荣西、南浦绍明、道元、清拙正澄和村田珠光。日本茶道源于中国茶道，在其形成过程中，中日两国的禅僧起了决定性的作用。

中日茶道界一致认为，

日本茶祖千光荣西顶相

在南宋和元初，径山茶会、茶礼随着中日两国禅僧的密切交往和弘法传道，与禅院清规一起被移植到日本，经逐渐演变、发展成为日本茶道。日本茶道的思想背景是禅门思想，其礼法来源于禅门寺院清规中的茶礼。可以说，日本茶道出自禅宗。茶道体现了茶禅一味，其核心思想是禅。

日本"茶圣"千光荣西在天台山参与了寺院种茶、采茶和饮茶，对茶的功效有亲身体验，归国时带去了茶叶、茶籽以及植茶、制茶技术和饮茶礼法。他在从登陆地平户至京都沿途寺院和主持的禅寺如富春院、脊振山、圣福寺等地试种茶树，还把五粒茶籽赠予拇尾高山寺的明惠上人，这五粒茶籽经明惠精心栽培，成为日本名茶。荣西在承元五年（1211年）用汉文撰著《吃茶养生记》两卷，介绍种茶、饮茶方法和茶的效用，称赞茶是"养生之仙药，人伦延龄之妙术"。荣西在日本被誉为"茶圣"，在建仁寺立有纪念碑。日本茶道礼法同样源自禅院清规。荣西在《兴禅护国论》第八门"禅宗支目门"中，根据宋《禅苑清规》，分寺院、受戒、护戒、学问、行仪、威仪、衣服、徒众、利养、夏冬安居等目，介绍宋朝禅院制度、修行仪轨。

日本曹洞宗开山祖希玄道元入宋回国后，在日本兴圣寺、永平寺，按照唐宋禅寺清规如《百丈清规》《禅苑清规》等，参照戒律，任命僧职管理寺院，制定约束寺僧修行和生活的仪轨，如规范寺僧伙食管理的《典座教训》，规定坐禅程序仪式的《辩道法》，规范

日本曹洞宗开山祖希玄道元画像

寺中僧职监寺（监院）、维那、典座、直岁等知事僧职责的《知事清规》，规范僧众进餐行仪的《赴粥饭法》，规范年轻比丘对年长僧人或地位较高者礼仪的《对大己法》，规范寺中日常生活秩序的《众寮清规》等，后来这些都被收录在《永平清规》中，第一次把宋地禅寺清规完整地运用于日本禅寺。在《永平清规》中，根据径山茶宴礼法，对吃茶、行茶、大座茶汤等茶礼作了详细规定，对其后的日本茶道礼法产生了深远的影响（日本《延宝传灯录》卷一"道元传"，《本朝高僧录》卷十九"道元传"）。

日本茶道表演

　　圆尔辩圆将宋地的禅林规矩、制度、僧堂生活等移植到了日本。他将《禅苑清规》带回日本，以此为蓝本制定了《东福寺清规》。他在《圆尔东福寺规式》中，规定要从自己门派中代代挑选器量大成者为住持，"以圆尔、佛鉴禅师之丛林规式，一期遵行，永不可有退转"，告诫门下要继承护持无准禅风，严禁违背其规章戒式。圆尔还亲自整顿各寺院的禅规，推行宋地的禅院制度。根据《圣一国师语录·住东福禅寺语录》记载，上堂说法有元旦、浴佛（四月初八）、结夏（四月十五）、解夏（七月十五）、开炉（十月初一）、冬至、腊八以及约每五日一次的经常性上堂。这些上堂说法仪式，全部移植自南宋禅院。圆尔辩圆还依照《禅苑清规》设立寺院的职事制度、法事活动制度以及教育制度等，如在东福寺设立了副寺、维那、典座、直岁、首座、藏主、知客、浴司、侍者等僧职，从中可以看到当时圆尔以东福寺为主所建立的禅林教育制度。《圣一国师语录》是圆尔上堂说法的法语集，书中记载圆尔经常上堂、小参、普说等。而所谓"上堂""小参""普说"，都是禅林的僧众朝参夕聚、住持上堂说法、徒众雁立聆听的问道方式。作为丛林，当以修行为中心，所以丛林就是训练僧众的教育机构。因此，听经闻法也就成了丛林的主要功课，僧众都必须参加，这功课就是上堂、小参或普说。禅林的住持或长老于法堂为僧众说法开示，即是"上堂"。而所谓"小参"，指不定时的说法，"参"指集众说法，正式的说法称"上堂"或谓"大

参"。"小参"规模较"上堂"为小，故曰"小参"。寺院的住持或长老每于日暮时鸣钟，视众之多寡，而就寝堂、法堂等处不拘定所地说法，且说法内容广泛，上自宗门要旨的解说，下至常识之琐事，所以"小参"是一种简单的宾主问酬方式，故又称为"家教""家训"。禅林中普集大众说法，即为"普说"，通常是在寝堂（方丈室）或法堂举行。依于学人、檀越等之请而说法的也称为"普说"。无论是"上堂""小参"或者"普说"，都体现了禅林以长老或住持为中心的宾主问酬的教育体制。现在的东福寺还保存着当年无准师范赠送给圆尔的五幅牌匾，上面就写着"上堂、小参、秉弘、普说、说戒"。除了东福寺，圆尔在曾当过住持的镰仓寿福寺，博多承天寺、万寿寺等寺院也制定了清规。圆尔将中国的禅林制度传播到日本，不仅为禅宗在日本的发展奠定了牢固的基础，同时也使日本禅宗更向宋地禅林寺院的方向发展，并且日趋完善与规范。

在将《禅苑清规》移植中，对茶会、茶礼传播到日本贡献最大的当推南浦绍明。元初赴日的清拙正澄在日本诸禅寺按宋元禅院清规管理僧众的修行生活，"丛林礼乐于斯为盛"。他参考《禅苑清规》《丛林校定清规总要》《禅林备用清规》等，根据日本禅林情况，编出简要的《大鉴清规》。小笠原贞宗在正澄及《禅苑清规》的影响下，创立了武家礼法，广行后世，成为日本茶道礼法的一部分。《禅苑清规》中的茶堂规章和武家礼法，是日本茶道形成的两大源头。

　　明末清初前往日本的径山寺第九十代住持费隐通容的弟子隐元隆琦在京都黄檗山万福寺开创黄檗宗，传播理学、煎茶道以及普茶料理（素食点心）等（小林代鹤《煎茶道与黄檗东本流》，《茶之文化史》第124页），堪称径山派临济禅和茶宴礼法东流日本的继续和余绪。

　　根据从宋移植的《禅苑清规》和茶宴礼法，融会、整合当时日本各种茶道草创流派，开创后世日本茶道的是村田珠光（1423—1502）。他三十岁时到京都大德寺师事一休宗纯（1394—1481）学习临济宗杨岐派禅法，文明六年（1474年），奉敕任大德寺住持，复兴大德寺。珠光在大德寺接触到了由南浦绍明从宋朝传来的茶礼和茶

日本茶道的茶室　　　　　　　　　　　　　廊檐有中国江南风韵

道具，并将悟禅导入饮茶，从而创立了日本茶道的最初形式草庵茶，并做了室町时代第八代将军足利义政的茶道教师，改革和综合当时流行的书院茶会、云脚茶会、淋汗茶会、斗茶会等，结合禅宗的寺院茶礼，创立了日本茶道。

从日本南北朝时期（1336—1392）至室町中期（15世纪中叶），日本斗茶的方法及茶亭几乎完全模仿中国。室町中期以后，中式茶

日本的台子式茶道具

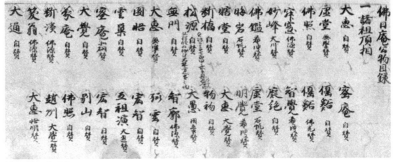

佛日庵公物目录

亭遭废除，改用举行歌道和连歌道的会所。斗茶的趣味也逐渐日本化，人们不再注重豪华，而更讲究风雅品味，于是出现了贵族趣味的茶仪和大众化的品茶方法。到了日本室町时代中叶的东山时代，杰出的艺术家能阿弥（1397—1471）在当时所流行的茶礼、茶宴、茶会的基础上创造了由日本社会社交性游艺的茶会与禅院茶礼相混合而成的台子式茶会（或称"书院式台子茶汤"），成为迈向现代茶道的第一步（熊仓功夫《日本的茶道》，《农业考古》，1997年第48期）。其弟子村田珠光则制定了第一部品茶法，使品茶变成茶道。他把禅宗的思想融入茶道之中，因此被后世称为"品茶的开山祖"。珠光使品茶从游艺变成了茶道，珠光流茶道历经几代人。到室町时代末期，出现了一位茶道大师千利休（1522—1591），他倡导和、敬、清、寂的茶道"四谛"，取得了"天下茶匠"的地位。千利休创立了利休流草庵风茶法，一时风靡天下，将茶道发展推上顶峰，千利休则被誉为"茶道天下第一人",成了茶道界的绝对权威。

千利休倡导的茶道和、敬、清、寂"四谛",融宗教、哲学、伦理、美学于一体,体现了日本茶道美学的精髓。"和"是指主人与客人的和合,没有隔膜;"敬"是相互之间尊敬的感情;"清"是必须保持心灵的清净无垢;"寂"要求茶人忘却一切,去创造新的艺术天地。"四谛"的根本在于"寂",它可以表现为佛教中心的涅槃、寂静、空寂、寂灭,在积极意义上是"无",即"主体的无"。由此可见,和、敬、清、寂"四谛"是以"寂"为根源,以"寂"为最高层次而体现的法则,也可以说"四谛"归结于"寂"这一谛。从此以后,日本茶道虽然流派

千利休画像

纷呈，各具特色，但和、敬、清、寂"四谛"和待人接物的"七则"一直作为茶道的主要精神被传承下来。

千利休死后，后人继承其衣钵，出现了以表千家、里千家、武者小路千家为代表的数以千计的流派。随后，对茶道起承前启后作用的武野绍鸥又将艺术引入茶道，进一步使日本茶道民族化和本土化。茶道各流派基本上都采用抹茶法。清黄遵宪在《日本国志·物产志》中说，日本点茶即"同宋人之法"，"碾茶为末，注之以汤，以筅击拂"。日本茶道重典雅、讲礼仪，使用工具也是精挑细选，品茶时更配以甜品。日本茶道已超脱了品茶的范围，日本人视之为一种培养情操的方式。由此可见，日本茶道纯粹由中国传入的禅院茶礼、茶宴以及宋代的饮茶方法等演变而来，整个日本茶道艺术无不体现出与佛教的息息相通，至今仍然散发着中国宋元时期的文化气息，保留着余杭径山寺的佛家饮茶遗风。日本茶道源于中国，径山茶宴是日本茶道的直接源头。而千利休的茶道亦由其子孙世袭相传，成为日本千家正统茶道而流传至今。

（二）圆尔辩圆

圆尔辩圆（1202—1280），出生于日本骏州（今静冈市），十八岁时入天台宗三井园城寺，削发为僧，潜心研习天台教学，兼修儒、道教。二十二岁时，圆尔辩圆参访上野长乐寺荣朝（荣西弟子），探究台密及临济宗黄龙禅法。南宋理宗端平二年（1235年），圆尔辩圆入

无准师范自赞顶相

宋求法,抵达明州(今宁波)港后,一路北上参访诸善知识,到杭州参访灵隐寺、净慈寺,然后上径山万寿寺,投无准师范(1178—1249)门下,无准"一见器许",从此在无准门下参禅问道,潜心修行,三年受师印可。嘉熙二年(1238年),圆尔请僧中画家牧溪法常画无准师范坐像,请师题赞。淳祐元年(1241年)五月一日,圆尔带着无准传法信物密庵咸杰祖师法衣、宗派图和自赞顶相回国。后闻径山寺失火焚毁,圆尔运来木板千块,以供修寺之用。圆尔在博多开创了承天寺、崇福

寺、万寿寺等禅刹，以博多为中心在
九州地区弘扬临济禅风，开创了临济
宗杨岐派的无准禅系，成为日本临济
宗杨岐派的始祖，径山也因此成为日
本临济宗杨岐派的祖庭。

　　圆尔辩圆全面学习宋文化，回国
后不仅传播禅宗，还传播宋学，并将
宋朝的茶及茶礼、诗文、书法、绘画、
寺院的建筑及碾茶、粉、面条的制作
技艺等也传入日本，为日本的佛教及
文化做出了巨大的贡献。圆尔回国时
带回了径山茶的种子，将其栽种在故
乡静冈，开静冈种茶之先河，并仿照
径山茶碾制方法，生产出碾茶，即后
世著名的"宇治抹茶"，因此他被誉为
"静冈茶之元祖"。他还将径山茶礼
传回日本，对日本茶道的发展做出了
极大的贡献。据日本《茶文化史》一
书载，茶道源于茶礼，茶礼源于大宋
国的《禅苑清规》。所谓"茶礼"就是

无准师范墨迹

圣一国师圆尔辩圆顶相

将饮茶规范化、制度化，成为一套肃穆、庄严的饮茶礼仪。

圆尔以从径山带回国内的《禅苑清规》为蓝本制定的《东福寺清规》，其中就包含了程序严格的茶礼。茶礼在布置讲究的僧堂举行，圆尔将茶礼规定为全寺僧侣必须遵循的僧堂守则和生活规范，是禅僧日常生活中必须遵守的行仪作法。其后赴日宋僧兰溪道隆、无学祖元等与圆尔互为呼应，在日本禅院中大量移植宋法，使宋代禅风及禅院茶礼在日本寺院广为流布。兰溪道隆、无学祖元到日本弘教后，僧堂生活大量移植宋法，举行茶礼的僧堂中要张挂名家绘画和无准师范等祖师的墨迹，摆设中国花瓶，泡茶用天目茶碗。由圆尔辩圆、无学祖元大量移植宋朝的僧堂生活来看，无准时期径山的僧堂生活对日本产生相当影响是毋庸置疑的。

（三）南浦绍明

南浦绍明（1235—1308），圆尔辩圆同乡，十五岁剃度为僧，入镰仓建长寺，师事赴日宋僧、镰仓建长寺开山祖兰溪

南浦绍明坐像

道隆（1213—1278）参禅十年，不仅禅学修养大有进步，而且汉语水平也得到提高。南宋开庆元年（1259年），南浦绍明赴宋寻师求法，在雪窦山（位于今浙江奉化）第一次拜谒宋朝高僧虚堂智愚（1185—1269），从此开始了近十年的师徒生涯。咸淳元年（1265年）八月，

南浦绍明画像

虚堂智愚任径山寺住持，南浦绍明随往参学。在径山三年，虚堂智愚尽力教诲，南浦绍明苦修精进，终得大悟。咸淳三年（1267年），南浦绍明辞师回国，回国前他向虚堂智愚求赐法语，虚堂智愚在送别偈中希望南浦绍明继承自己的法脉，在日本弘扬临济禅法。此外，另有四十三位径山高僧赠诗送别，后人编为《一帆风》，卷首就收录了虚堂智愚的这首送别偈《径山虚堂和尚送南浦明公还日本》。

南浦绍明归国后，先后住兴德寺、崇福寺，大举临济禅风，布化三十余年，成为日本镰仓新佛教的代表性人物。延庆元年（1308年），南浦绍明圆寂于建长寺，花园天皇赐谥"圆通大应国师"。南浦绍明培植了大批佛门弟子，门下名僧辈出，有"十八哲七十二员"之称，形成了一个派系，称"大应派"，南浦绍明与佛国国师高峰显日并称为"天下禅林双璧"。

在径山寺饮茶

虚堂智愚自赞顶相

用具及茶宴礼仪东传日本中，南浦绍明贡献卓著，居功至伟。南浦绍明在径山不仅勤修佛禅，而且认真考察学习径山种茶、制茶技术以及僧堂茶礼、茶事器具。回国前，他得到一套台子式茶道具，是师尊虚堂智愚赠予的传法信物。回国时，南浦绍明将茶道具连同七部中国茶典带回了日本，一边传禅，一边传播禅院茶礼。据日本《续视听草》和《本朝高僧传》记载，南浦绍明由宋归国时，把"茶台子""茶道具"带回了崇福寺。

《本朝高僧传》中也记载了南浦绍明由宋归国时，把"茶台子""茶道具"一式以及七部中国茶典带到了日本。南浦绍明带去的"茶台子"并非茶桌子，很可能是用来搁置茶道具的简易架子，这在陆羽《茶经》中名为"具列"，在宋元时期杭州的茶画作品里依稀可见，似茶担子，有木制的、竹制的，后世日

日本《卖茶翁茶器图》中的具列

本早期茶道有所谓"台子饰"茶道，正是使用这种茶道具搁架的一种茶道形式，这在日本的茶道图典里有图可证，且其形制与宋元茶画基本一致。而南浦绍明带去的所谓"茶道具"，是煎汤点茶用的茶器具，如汤瓶、碗盏、茶筅、茶则、茶勺等"十二先生"。

南浦绍明晚年移居京都大德寺，又在京都传播茶礼。其茶礼被其弟子、大德寺开山宗峰妙超所继承，从中国带回的茶道具也从崇福寺转到大德寺。大德寺的茶礼传至一休宗纯、村田珠光时，基本形成了日本茶道。日本《类聚名物考》中记载："南浦绍明到余杭径山寺，师虚堂智愚，传其法而归。"又说："茶道之起，在正中筑前崇福寺开山南浦绍明由宋传入。"正因如此，日本学者研究认为，"茶道"源于"茶礼"，"茶礼"源于宋代的《禅苑清规》。日本学者西部文净在《禅与茶》中考证，在南浦绍明带回的七部茶典中，有一部刘元甫作的《茶堂清规》，其中"茶道轨章""四谛义章"两部分被后世抄录为《茶道经》，这说明《禅苑清规》中有专门的《茶堂清规》，内有茶宴、茶会的"茶道"规章和"四谛"。从《茶道经》可知，刘元甫乃杨岐派二祖白云守端的弟子，与湖北黄梅五祖山法演（杨岐三祖）为同门。他以成都大慈寺的茶礼为基础，在五祖山开设茶禅道场，名为"松涛庵"，并确立了和、敬、清、寂的茶道宗旨。这就意味着日本茶道从内容到形式，甚至连名称和精神，都直接来源于宋时的《禅苑清规》及其中的《茶堂清规》。同时也说明，由南浦绍明带回

径山茶宴渡东洋

和敬寂清道远扬

古迹创新景色异

一杯四美众仰仰

祝贺宋抗径山茶

荣荥七十周年之会笔军

庄晚芳

庄晚芳题径山禅茶诗

的茶典对日本茶道思想产生了直接而巨大的影响。尽管当今日本茶道与南宋时期的径山茶宴在形式上存在相当大的区别,但日本茶道中茶室的典雅布置、行茶的庄重礼仪以及以茶论道、注重德行等方面,依然具有径山茶宴的韵味。因此,可以说径山茶宴是日本茶道之源。我国当代茶界泰斗庄晚芳曾赋诗曰:"径山茶宴渡东洋,和敬寂清道德扬。"赞誉径山茶宴对日本茶道的影响。

六、径山茶宴的传承与保护

禅院茶会作为融入寺院管理制度和僧堂生活的一种重要模式，其参与者是全体僧堂生活人员，其传承主体自然就是一代一代的禅僧群体。而他们当中的代表就是历任住持，因此，径山茶宴的传承谱系就是径山寺历代祖师、住持法系。

六、径山茶宴的传承与保护

[壹]径山茶宴的传承

禅院茶会作为融入寺院管理制度和僧堂生活的一种重要模式，其参与者是全体僧职人员，其传承主体自然就是一代一代的禅僧群体。而他们当中的代表就是历任住持，因此，径山茶宴的传承谱系就是径山寺历代祖师、住持法系。

我国佛教寺院的传承制度起源于六朝，发展于唐，完善定型于宋。早期佛教寺院实行财产私有制，与之对应的是师徒住持传承或甲乙住持传承法系。住持僧拥有寺院财产包括佛物（指佛像、佛殿、幡盖等）、法物（指经卷等）、僧物（指僧房、田地、奴婢、牲畜等，为其中的大宗）的所有权、处置权和继承权，住持僧的人选基本上是住持僧私相授受的，由师父说了算。到宋代，随着寺院实行财产僧侣集体所有或寺院财产公有制，师徒住持或甲乙住持传承改为十方住持传承制度。"十方住持"的得名，源于佛教律学中的"十方常住"的财产观念。住持和知事人的承续、产生方式，需经寺院所在州主管机构僧正司会同诸山长老共同推选年资深、具有声望的僧人担当，如果没有合适人选，就推举其他地方有声望的僧伽出任，体现出一定的公开、公正、公平性。径山寺开山丁唐，兴盛丁宋，正好经历了从师徒住持传承到十方住持传承的转型。

（一）历代径山寺住持法系

径山寺自唐代开山后为师徒住持传承，历代住持法系如下：

第一代国一大觉法钦禅师（714—792）—第二代无上鉴宗（793—866）—第三代法济洪湮（813—895）—第四代慧满德扶—第五代法警洪庠—第六代宝鉴法修—第七代广灯惟湛。

北宋以后，改为十方住持传承，历代住持法系如下：

第一代祖印常悟—第二代净慧择陵—第三代妙湛思慧—第四代庆商演教—第五代宝月用方—第六代澄慧用渊—第七代无畏维琳（1036—1117）—第八代净慧仲义—第九代觉润慧云—第十代圆应仁梵—第十一代普明子舜—第十二代佛智端裕（1085—1150）—第十三代大慧宗杲（1089—1163）—第十四代妙空觉明—第十五代真歇清了（1088—1151）—第十六代月堂道昌（1090—1171）—第十七代妙空智讷—第十八代照

法钦禅师画像

堂了一（1092—1155）—第十九代圆悟元粹—第二十代可庵柔衷—第二十一代澹堂了明（？—1165）—第二十二代无等有卞（1116—1169）—第二十三代普慈蕴闻（？—1179）—第二十四代寓庵德潜—第二十五代密庵咸杰（1118—1186）—第二十六代别峰宝印（1109—1190）—第二十七代涂毒智策（1118—1192）—第二十八代拙庵德光（1121—1203）—第二十九代云庵祖庆—第三十代蒙庵元聪（1126—1209）—第三十一代石桥可宣—第三十二代浙翁如琰（1151—1225）—第三十三代少林妙菘—第三十四代无准师范（1177—1249）—第三十五代痴绝道冲（1168—1250）—第三十六代石溪心月（？—1255）—第三十七代偃溪广闻（1189—1263）—第三十八代荆叟如钰—第三十九代淮海原肇—第四十代虚堂智愚（1185—1269）—第四十一代藏叟善珍（1194—1277）—第四十二代虚舟普度（1199—1280）—第四十三代云峰妙高（1219—1293）—第四十四代虎岩净伏—

黑釉盏上墨书"传法"，证明茶器具有嗣法授受的信物功能（鲍志成 藏）

第四十五代本源善达—第四十六代晦机元照（1238—1319）　第四十七代虚谷稀陵（1247—1322）—第四十八代元叟行端（1255—1341）—第四十九代昙芳守忠（1275—1348）—第五十代南楚师说—第五十一代古鼎祖铭（1280—1358）—第五十二代竺远正源（1290—1361）—第五十三代愚庵智及（1311—1378）—第五十四代悦堂祖颜—第五十五代季潭宗泐（1318—1391）—第五十六代象源淑也—第五十七代复原福报—第五十八代大宗兴—第五十九代止庵德祥—第六十代呆庵普庄（1347—1403）—第六十一代岱宗心泰（1327—1415）—第六十二代伯蕴文秀（1333—1418）—第六十三代敬庵庄—第六十四代雷庵泽—第六十五代月江宗净（1376—1442）—第六十六代雪崖珂顷—第六十七代西畴□顷—第六十八代宇中□宸—第六十九代杰峰大英—第七十代天——清—第七十一代无极□灏—第七十二代宗胜□胤—第七十三代正觉□成—第七十四代用璩□琚—第七十五代竺芳□蕊—第七十六代庭礼□训—第七十七代天才僧英—第七十八代悦山□恺—第七十九代石窗德珉—第八十代镜月月林—第八十一代□□道怕—第八十二代如显法生—第八十三代车溪性冲—第八十四代湛然圆澄—第八十五代梦庵律—第八十六代天隐圆修—第八十七代闻谷广印—第八十八代云门圆信—第八十九代觉浪道盛—第九十代费隐通容—第九十一代浮石通贤—第九十二代具德弘礼—第九十三代金明寂进—第九十四代梅

庵按指—第九十五代□□海怀—第九十六代古笠宗泰—第九十七代别庵性悦—第九十八代白峰世鉴—第九十九代五岳济玹—第一百代伯周慧略—（从一百代至一百零六代缺）—第一百零七代龙庵□良—第一百零八代演乘—第一百零九代本源—第一百一十代敏秀—第一百一十一代弘妙—第一百一十二代敬恒—第一百一十三代持松（第一百零八代至第一百一十三代住持是由俞清源根据生卒年龄推排出来的）（参见《径山志·祖师》，俞清源《径山祖师传略》）。

1989年径山寺开始重建后，历任住持依次为福生、定康。

现任住持戒兴法师，1979年出生，福建人，1992年出家，曾先后就读于福鼎闽东佛学院、福建佛学院和中国佛学院，在江西云居山真如寺受具足戒，2002年在新加坡龙华寺参学。曾任杭州灵隐寺知客，2008年到径山寺任监院，2014年11月28日任径山寺第一百二十一代住持。为杭州市佛教协会副会长，第十届杭州市政协委员。

（二）主要高僧大德

从历史上看，历任径山寺住持都是禅院茶会的主持者和组织者，是禅茶文化的实践者和参悟者，但由于历时久远、资料缺乏等原因，他们与径山茶宴的关系和事迹难以详述。这里主要就两宋尤其是南宋径山寺高僧住持择要略作介绍，以明径山茶宴历代传承之大概。

大慧宗杲（1089—1163）　宋临济宗杨岐派高僧，径山寺第十三代十方住持。字昙晦，号妙喜，又号云门。俗姓奚，宣州（安徽）宁国人。十七岁出家于东山慧云寺之慧齐门下，翌年受具足戒。先后参访洞山微、湛堂文准、圆悟克勤等师。北宋宣和年间，与圆悟克勤住东京（开封），大

大慧宗杲画像

悟后，乃嗣圆悟之法，圆悟并以所著《临济正宗记》付嘱之。不久，令师分座说法，由是丛林归重，名震京师。靖康元年（1126年），丞相吕舜徒奏赐紫衣，并得"佛日大师"之赐号。绍兴七年（1137年），应丞相张浚之请，做径山能仁寺住持，诸方缁素云集，宗风大振。绍兴十一年（1141年），侍郎张九成至能仁寺从师习禅，偶论议朝政。其时秦桧当道，力谋与金人议和，张九成则为朝中之主战派。秦桧大权在握，竭力斩除异己，师亦不得幸免，于绍兴十一年（1141年）五月褫夺衣牒，流放衡州（今湖南衡阳），其间集录古尊宿之机语及与门徒间商量讨论之语录公案，辑成《正法眼藏》六卷。绍兴二十年（1150年），更贬迁至梅州（今广东梅州），其地瘴疠物瘠，师徒百余

人毙命者过半，然师犹以常道自处，怡然化度当地居民。绍兴二十五年（1155年）遇赦，翌年复僧服。绍兴二十八年（1158年），奉敕住径山，道俗慕归如旧，时有"径山宗杲"之称。绍兴三十一年（1161年）春，退居明月堂，然弘法为人，老而不倦。孝宗即位，特赐号"大慧禅师"。隆兴元年（1163年）八月初九溘然而逝，寿七十五。孝宗诏以明月堂为妙喜庵，谥号"普觉"，塔曰"宝光"。著有《正法眼藏》三卷、《宗门武库》若干卷。其徒纂有《法语》前后集三十卷。淳熙初年，诏赐其《语录》入藏流行（《五灯会元》卷十九、《佛祖统纪》卷二十、《灵隐寺志》卷三下、《释氏稽古略》卷四、《咸淳临安志》卷七十《人物·方外·僧》、《大慧普觉禅师年谱》）。

密庵咸杰（1118—1186）　宋临济宗高僧，径山寺第二十五代十方住持。俗姓郑，福州人。自幼聪颖过人，十七岁时披缁出家，遍参诸方尊宿，得各山高僧大德教益。后往衢州明果寺参访应庵昙华禅师，勤侍四载。应庵为圆悟克勤之嗣虎丘绍隆嫡传弟子，道法高峻。密庵虽时时遭到呵斥，但始终面无愠色，殷勤相随，至诚受教。四年后，密庵省亲告假还乡，后归寺嗣临济宗法，以衢州乌巨寺为出世道场。后奉敕迁住祥符、蒋山、华藏等名刹，大振杨岐宗风。淳熙四年（1177年），孝宗敕命往余杭径山万寿禅寺住持法席，淳熙八年（1181年）又在杭州灵隐寺开堂安众。淳熙十一年（1184年），退居明州太白山天童寺。淳熙十三年（1186年）圆寂，寿六十九，葬于天童

密庵咸杰顶相

中峰塔院。刑部尚书葛郯铭其塔，对密庵的道行予以很高的赞赏。密庵咸杰作为南宋初期的禅门巨匠，其德行播及四方。有《密庵禅师语录》行世（《密庵禅师塔铭》，《古尊宿语要》卷四，《续传灯录卷》第三十四、第三十五，《释氏稽古略卷》，《佛祖历代通载》）。

无准师范（1177—1249）　南宋著名高僧，径山寺第三十四代十方住持。俗姓雍，蜀郡梓潼（今四川省绵阳市梓潼县）人。九岁出家，绍熙五年（1194年）受具足戒，庆元元年（1196年）于成都正法寺坐夏。年二十，投宁波阿育王山秀岩师瑞，时阿育王山有佛照德光居东庵，空叟宗印分坐，法席人物之盛，为东南第一。无准师范因贫而无剃发之资，时人常以"乌头子"称之。后参学至杭州灵隐寺，

谒松原崇岳于灵隐寺，肯堂充于净慈寺，往来南山，栖止六年。谒破庵祖先禅师于平江西华秀峰，顿悟玄旨。不久，至常州华藏寺，师事宗演，居三年，复还灵隐寺。侍郎张兹新建广惠寺，请破庵祖先住持，师范亦往侍三年，又随

无准师范画像

无准师范墓塔

其登径山。破庵祖先将寂之时，以其师咸杰之法衣顶相付之。嘉定年间，宁宗据史弥远奏，仿印度五精舍之制，评定"五山十刹"，径山寺荣登禅院"五山"榜首，被誉为"天下东南第一释寺"。绍定五年（1232年），无准师范奉敕住径山寺，召对修政殿，理宗"以所说法要，示参政陈贵谊，谊奏云，简明直截，有补圣治"，赐金襕僧衣。次年，入慈明殿升高座说法，理宗垂帘而听，深为感动，赐"佛鉴禅师"之号，且赐银绢，作为径山寺的修缮之资，御书赐额曰"万年正续"。又策室明月池上，榜曰"退耕"。在他住持径山寺期间，径山寺曾两次遭遇火灾，无准以非凡的气度，"廉以克己，勤以募众"，终使径山寺规模越旧，声望更大，法席隆盛，自大慧宗杲以来无可比者，门下俊杰号称"南询三十四师，东渡十六师"。时人有"天下学者称痴绝与无准曰二甘露门"之说。淳祐九年（1249年）三月十五日，书遗表十余种，三天后示寂，时称"释中之杰"。有《无准师范禅师语录》五卷、《无准和尚奏对语录》一卷行世（《释氏稽古略》卷四，《续传灯录》卷三十五，《大明高僧传》卷八及姜艳斐《宋代中日文化交流的代表人物——无准师范》，浙江大学日本文化研究所硕士论文）。

虚堂智愚（1185—1269） 南宋高僧，径山寺第四十代十方住持。俗姓陈，名息耕，四明象山（今宁波象山）人。十六岁于普明寺出家，在湖州道场山护圣万寿禅寺受法后，历住育王、雪窦、延福、瑞岩以及金华宝林、杭州净慈等十一寺。绍定二年（1229年），至径山寺，宣讲临济宗杨岐之道。景定五年（1264年），奉诏住持净慈寺。入院之日，理宗派人考问曰："赵州因甚八十行脚，虚堂因甚八十住山？"遂以赵州行脚到临济求法吟云："赵州八十方行脚，虚堂八十再住

虚堂智愚墓塔顶

山。别有一机恢佛祖，九重城里动龙颜。"词旨甚合理宗心意，备加赞扬和封赏。弘传临济宗杨岐派教法，法会甚盛，理宗、度宗皆皈依其门下。日僧南浦绍明于开庆元年（1259年）入宋，随虚堂在净慈、径山寺学法。景定末年，日僧寒岩义平携道元语录《永平集》入宋，求虚堂作跋。虚堂还曾应高丽国王之请，前往居住八年，讲经弘法，直至明嘉靖年间尚有高丽传法弟子前来扫墓。咸淳元年（1265年），再主径山。咸淳五年（1269年）圆寂，寿八十五，葬于径山直岭下天

泽坞里洪村，墓址尚存。有《语录》十卷行世（《佛祖历代通载》卷二十、《释氏稽古略》卷四、《净慈寺志》卷八）。

兀庵普宁（1197—1276）　南宋名僧。西蜀（四川成都）人。自幼出家。初习唯识，后南游，遍访禅林诸老。登四明阿育王山，依止无准师范，体证玄旨。师范特书"兀庵"二字赠之，因以为号。与祖智、妙伦、了慧并称师范门下"四哲"，为师范法嗣。后迁居灵隐寺，又至四明天童寺，升第一座。出世后，弘法于象山灵岩寺。绍定五年（1232年），无准师范出主径山，兀庵普宁从无锡南禅福圣寺上径山谒师，途遇元兵南侵，遂生东渡之念。后于景定元年（1260年）渡日本，寓居博多圣福寺。不久到京都东福寺，为北条幕府所器重，延请住持镰仓建长寺，缁素风从。咸淳元年（1265年）念宋行将覆灭，犹不忘复宋，留下一偈，毅然返宋，住婺州双林寺。晚年移住温州江心龙翔寺。景炎元年（1276年）寂，寿八十。元世祖谥"宗觉禅师"。著有《语录》三卷行世，其门派称"宗觉门徒""兀庵派"，为日本禅宗二十四派之一。

兰溪道隆（1213—1278）　南宋临济宗渡日弘法高僧，密庵咸杰大弟子松源崇岳的再传弟子。嘉定元年（1213年）出生于四川涪江郡兰溪邑，俗姓冉，名莒章。十三岁时前往成都大慈寺出家，师从于住持良范潼关禅师，法名道隆，因籍贯而号兰溪。二十岁离开成都，游历江浙一带求法，先后参谒了杭州径山无准师范、南京蒋山（钟

山古称）痴绝道冲及杭
州净慈寺北磵居简等名
僧，于阳山虎丘派松源崇
岳的弟子无明慧性禅师
门下得悟，遂为嗣法弟
子。其后，他应聘前往明
州天童山协助痴绝道冲
禅师接引学人。南宋淳
祐六年（1246年，日本宽
元四年）秋，携弟子义翁
绍仁、龙江德宣等人乘
坐日本商船到达日本博
多太宰府，入住筑前圆
觉寺，著《坐禅仪》教诲
僧众。次年入京都，住泉
涌寺来迎院，教授僧众
上堂、下座种种禅林规
式。日本宝治二年（1248
年），住镰仓龟谷山寿福
寺，幕府执权北条时赖

兰溪道隆画像

于次年在常乐寺（原属天台宗）建立僧堂，开创日本佛教史上最初的镰仓禅宗道场，后人评之为"关东纯粹南宋风禅寺之首"。在常乐寺，兰溪道隆以新鲜、活泼的禅风吸引了众多镰仓武士和庶民百姓前往参禅问道，规模较小的常乐寺因而时常显得拥挤。日本建长元年（1249年），已皈依道隆的时赖发愿创建了日本第一所具有南宋风格的纯粹禅宗道场——建长寺，迎请道隆开山任住持。后深草天皇御敕此寺"大建长兴国禅寺"匾额，标志着日本禅宗史上首次获得朝廷公认的临济禅寺的产生。道隆在镰仓传禅十三年，幕府给以优厚的待遇。后应天皇之召，赴京都建仁寺任第十一世住持，创建西来院，推动建仁寺的兼修禅向纯粹禅发展。三年后应幕府之召回到镰仓，开禅兴寺，迁居寿福、建长等寺。后因旧宗势力的打压，被迫流放，于甲州、信州及松奥等地先后创建二十余寺，弘布禅法，为临济禅的地方发展做出了贡献。流罪被赦后，幕府执政北条时宗将他迎回镰仓，并执弟子礼，先后出任寿福寺、建长等寺住持。1278年7月24日入寂，享年六十六岁。后宇多天皇赐谥"大觉禅师"，为日本"禅师"谥号之始。

无学祖元（1226—1286）　南宋渡日临济宗高僧。别号子元，浙江鄞县（今宁波市鄞州区）人。初拜北礀居简出家，后依于径山寺无准师范，成为其门下翘楚。无准圆寂后，祖元历参诸方，参访了杭州灵隐寺的石溪心月、虚堂智愚，以及宁波阿育王寺的偃溪广闻。任

无学祖元木雕坐像

东湖的白云庵住持七年,再住台州真如寺、温州能仁寺,再参四明环溪惟一。祥兴元年(1279年,日本弘安二年),日本北条时宗请祖元渡日,遂随日僧荣西、道元从宁波出发,东渡扶桑,住建长寺,出任镰仓建长寺第五世住持。祥兴四年(1282年,日本弘安五年),时宗建圆觉寺,无学祖元为开山初祖。开堂之日曾感群鹿出现之祥瑞,因此山号为"瑞鹿山"。七年,时宗去世,祖元欲辞归国,然缁素固留不放。日本弘安九年(1286年)九月初三溘然示寂,享年六十一,谥号"佛光国师",后又追谥"圆满常照国师"。有弟子三百余人,著《佛光国师语录》遗世。无学祖元在日弘教,僧堂生活大量移植宋法,临济禅风、径山茶道遂根植于日本,就连径山的制酱工艺、大酱汤、霉豆(纳豆)制作也在日本被广为引用。禅宗浸润日本人的生活,无学祖元功不可没(以上参见鲍志成著《南宋临安宗教》,杭州出版社,2009年版)。

[贰]径山茶宴的保护

(一)存续状况

明清时期,临济宗杨岐派在江南一枝独秀的宗门地位随着净土宗的兴起而不可与以往同日而语,径山寺炽盛数百年的禅院茶会也因之而式微。到了晚清民国时期,又因为时局动荡、经济萧条,千年古刹径山寺走向衰落而破毁,僧徒星散,法脉断绝,径山茶宴赖以存在的宗教空间和人文环境丧失了。作为禅院茶礼、临济法门的径山茶宴在其发祥地径山寺逐渐消亡而失传。而在周边地区寺院包括村落，类似的茶会或某些茶礼形式仍然相沿不绝，但其形式日益简单化、世俗化、生活化，并与士林、商界茶会相融合，最后发展演变成为近代社会上各种茶话会。由于缺乏完整、系统的文献记载，径山茶宴从内容到形式逐渐淡出人们的记忆，濒临失传的境地。

众所周知，现代日本茶道起源自以径山寺为首刹的宋元时期临济宗禅院茶会，其中或多或少保留了某些径山茶宴的元素，如抹茶以及部分茶具和茶道追求的宗教氛围。但是，必须指出的是，日本茶道经历了数百年的演变和发展，流派众多，风格迥异，早已与禅院茶会大相径庭，我们不能想当然地把日本茶道比附为径山茶宴的传承样式或形态。

2006年4月21日举办的径山禅茶文化复原论坛

2008年4月29日在径山寺法堂举办的径山禅茶论坛

　　不过，值得注意的是，在日本茶道上，专门设计有用天目碗点茶的一套程序，称为"天目点"。这种点茶法只在贵人上宾光临时才进行，故又称"贵人点"。茶界一般认为，"天目点"是至今数百种日本茶道点茶法的源头。这种"天目点"或"贵人点"与径山寺禅院茶会中接待上宾贵客的茶会有点类似。

　　在日本圆觉寺、东福寺、建长寺、建仁寺等径山派临济宗寺院，迄今仍在每年开山祖师的忌日举行"开山祭"茶会，即所谓的"四头茶礼"，其程式流程虽然十分简单，但堂设、席次、问讯、点茶等要求，在某种程度上保留了禅院茶会的一些元素。"开山祭"虽然不在径山寺而在日本的临济宗寺院流传，但仍不失为是径山茶宴的某种形态或若干环节的活态传承。

改革开放以后，日本禅宗寺院纷纷前来径山寺追宗认祖，进行茶道表演，当地政府和少数茶界的有识之士呼吁重建径山寺、恢复径山茶宴，开始进行调查研究，尝试恢复径山茶宴，但大多不如人意，与宋元盛况相去甚远。因此，抢救和保护径山茶宴已经刻不容缓了。

（二）保护措施

20世纪80年代初，日本佛教临济宗来余杭径山寺寻根问祖，推

2009年9月1日，在径山寺客堂演示、摄制申遗专题片《径山茶宴》

2013年5月23日，鲍志成在径山寺斋堂与住持戒兴法师商谈径山茶宴恢复事宜

动了径山寺的重建和中日新一轮的禅茶交流，接续了宋元时期径山寺禅院清规和茶会礼仪传入日本禅寺并演化为日本茶道的历史余绪，也推动了径山茶宴的研究和恢复。

庄晚芳先生等人所著《径山茶宴与日本茶道》一文，可谓最早引用或给出"径山茶宴"这个命题的文章。其后，在讨论到这个问题时，一些学者沿用了这个概念，至张家成承担浙江省文化厅委托项目——"径山茶宴与日本茶道"，它才正式进入文化主管部门的视野。其后，径山茶宴被先后列为余杭区、浙江省非物质文化遗产名录。2009年，鲍志成受余杭区文化部门委托，承担国家级"非遗"项目申遗文本的起草工作。他梳理了有关文献记载和研究成果，到径山寺及周围村镇实地调研，采访了早年出家径山寺、后来从灵隐寺还俗的正闻（八十四岁）和径山镇义史学者俞清源（时年八十一岁，已故）等，他们都只是听说过"径山茶宴"这样的说法，但未曾看见或参与过寺僧举办这样的茶会活动。2011年，该项目以"民俗类·茶俗"获批列入国家级非物质文化遗产名录。从此，径山茶宴获得文化主管部门和学界、社会的广泛认同。

从20世纪80年代初到现在的三十多年来，地方文史和茶文化界对径山茶宴的研究从点到面、由表及里逐步展开，不断深入，取得了可观的研究成果。如果从纵向观察以往的研究进程，基本上可以把2009年国家级"非遗"项目申报分为前后两个阶段。

前一个阶段可以说是从名到义、逐步深入的阶段，重点是以地

2013年9月24日，余杭区文化广电新闻出版局在径山镇召开径山茶宴保护工作会议

《径山茶宴》壁画（张广姒作）

方文史工作者和茶文化界为主，从关注日本茶道开始来探讨径山茶宴的名称、形式和内涵及其与日本茶道的关系，文章偏重于径山史地，临济宗兴衰，禅茶文化与日本禅宗、茶道的渊源关系。这又可基本分两类。一类是直接从径山茶宴切入来研究的，如庄晚芳等《径山茶宴与日本茶道》、王家斌《径山茶宴》、韩希贤《日本茶道与径山寺》、张家成《"径山茶宴"与日本茶道》、张清宏《径山茶宴》、赵大川《南宋杭州与日本的茶禅文化交流》、吕洪年《日本茶道追溯与径山茶宴探寻》等。阮浩耕《试碾露芽烹白雪——宋代径山茶的品饮法小考》（《茶叶》，2009年第1期）提出宋代径山茶属于蒸青散茶的推论。值得一提的是，径山本土的文史研究者俞清源（1929—

2010），作为径山历史文化研究的开创者和守护者，他著有《径山史志》《径山祖师传略》《径山茶》《径山禅茶》《径山诗选》《径山的中日文化交流》等论著，虽然大多作为内部资料印行，但对径山文史和禅茶研究起到了开创性的作用。长期从事乡土基层文化工作的陈宏，在建设陆羽泉茶文化主题公园、筹办中国茶圣节和编创径山茶文化民间艺术等方面做出了一定的贡献，撰写出版有《径山禅茶》《径山胜览》，主编出版有《径山茶》《径山的中日文化交流》《径山文化》等乡土茶文化读物。沈生荣主编、赵大川编著的《径山茶图考》（浙江大学出版社，2005年版）等，也具有一定的资料价值。

按照南宋规模和风格复建的径山寺全景俯瞰效果图

径山寺复建工程中规划建设的禅茶体验区设计效果图

另一类是广义探讨径山茶宴和禅茶文化及与日本茶道渊源的，如姚国坤《茶宴的形成与发展》、孙机《中国茶文化与日本茶道》、滕军《茶道与禅》、张高举《日本茶道与唐宋茶文化》、张家成《中国禅院茶礼与日本茶道》、丁以寿《日本茶道草创与中日禅宗流派关系》、熊仓功夫《日本的茶道》、余悦《禅悦之风——佛教茶俗几个问题考辨》、罗国中《中国茶文化与日本茶道》、张依秋《茶宴文化源远流长》、尹邦志《茶道"四谛"略议》等。

在学术研究的同时，恢复举办径山茶宴的尝试也随之开始。1988年5月23日，浙江省茶叶协会邀请一百多位专家学者举办首次仿径山茶宴仪式的"探新茶宴"。1992年5月,浙江省茶叶学会在双溪陆羽茶室举办仿唐宋风格的径山茶宴。2000年4月,径山绿神茶室举行径山茶宴仪式。由于理论认识和客观条件的局限,类似活动不能说是严格意义上的径山茶宴,而是茶界有识之士的一种尝试和实践。

2009年9月,余杭区文化广电新闻出版局委托浙江省文化艺术研究院鲍志成研究员撰写径山茶宴申报国家级"非遗"名录文本,摄制"申遗"专题片,当年上报文化部中国文化艺术研究院,经专家组审核并通过,2011年在国务院颁布的第三批国家级"非遗"名录中,径山茶宴以"民俗类·茶俗"荣登名录。"申遗"的成功,是径山茶宴研究和保护的转折点,开辟了一个新阶段。这主要体现在以下几个方面:一是第一次从历史渊源、依存环境、名称来历、内容形式、风格特征、人文价值、传承法系、流传演变以及与日本禅宗、茶道的关系,濒危现状,恢复保护等角度,全面、系统地论述了径山茶宴,基本厘清了径山茶宴的来龙去脉、基本情况和时代价值,许多观点迄今仍然具有学理价值和指导意义;二是第一次根据《禅苑清规》、高僧语录等佛门典籍,结合日本禅茶典籍、学界成果来切入径山茶宴的研究,这就在原来主要依靠方志、寺志和二手日本禅宗、茶道资料的基础上大大前进了一步,从而使径山茶宴的研究不再隔靴搔痒而是直指堂奥,在资料开掘上具有重要的开拓意义;三是第一次根据《禅苑清规》中各类茶汤会的记载,结合日本茶道样式和有关禅茶民俗,编创了径山茶宴的演绎程式，并组织僧俗两众在径山寺客堂演示、录像，从击茶鼓、张茶榜到谢茶、退堂十多个程式，基本演示了径山茶宴的主要环节，并以视频专题片的形式呈现在人们的面前，使这一古老的、已失传的禅院茶礼的重生迈出了第一步；四是第一次根据日本学者的研究，提出了日本茶道系通过入宋求法日僧把禅院茶会、茶礼随禅院清规一起"移植"到日本禅宗寺院管理和僧堂生活后逐渐发展演变而来的观点，这在原来关于日本茶道与径山茶宴的关系上的"起源""渊源""源自"等模糊、笼统的表述的基础上，可谓切中实质和要害而前进了一大步，并指出日本茶道和、敬、清、寂"四谛"也"直接源自"临济宗杨岐派二祖白云守端弟子刘元甫在五祖山松涛庵所确立的和、敬、清、寂茶道宗旨，从而追本溯源，厘清源流，从根本上推进和纠正了有关问题在茶文化界长期存在的似是而非、模棱两可的说法。

随着媒体的广为报道和广大茶人的交口称赞，径山茶宴的知名度迅速提高，一时成为茶界和社会关注的文化热点。从此以后，径山茶宴的学术研究和恢复保护步入全新阶段，取得了多方面实质性成果。

一是径山禅茶文化研究引起了高度关注，开始了有组织、有计划的学术研究。中国国际茶文化研究会与杭州灵隐寺成立禅茶研究中心，余杭区、径山寺、径山镇也先后成立了相关的研究团体和机构，如陆羽茶文化研究会、径山禅茶文化研究中心、径山文化研究会等。2009年径山寺复建动工后表示要恢复径山茶宴。余杭区科技局立项开展径山茶宴原型研究。径山镇（村）也在以往"陆羽茶圣节"上名为"径山茶宴"的少儿茶艺民俗节目的基础上，尝试径山茶宴的编创表演。

二是举办了多次专题学术研讨会，邀请专家学者发表、交流径山茶宴的最新研究成果。如2009年12月7日至10日，由杭州灵隐寺和中国国际茶文化研究会禅茶研究中心共同主办的禅茶文化学术研讨会在灵隐寺举行，来自日本、韩国及国内二十余位专家学者及杭州佛教界人士与会，探讨禅茶文化的研究与实践。2011年11月11日，由杭州市佛教协会主办的以"佛教禅茶文化"为主题的第六届世界

径山寺举办的径山禅茶演示活动

禅茶大会暨第四届禅茶文化论坛在杭州灵隐寺开幕,来自韩国、日本、中国台湾等佛教界的高僧大德以及佛学界、茶文化界、史学界、艺术界的一百五十位专家学者参加了此次盛会。在为期两天的学术研讨中,举行了"四头茶礼"等五场主题论坛。2013年11月24日,第五届禅茶文化论坛在杭州灵隐禅寺举办,主题是"清规与茶礼",近六十位来自世界各地的专家学者到会交流,从各个角度阐释了对禅茶文化的深刻理解。研究表明,日本的茶礼源于中国的禅宗和禅僧,茶道体现了茶禅一味,其核心思想是禅。

三是在禅茶文化、禅院清规、径山茶宴与日本茶道等领域的研究逐步深入,取得了多个专题性研究成果。如关于禅茶历史和文化的研究,第四届禅茶文化论坛后编辑出版了会议论文集《禅茶历史与现实》,收录多篇学术论文;余悦的《中国禅茶文化的历史脉动——以"吃茶去"的接受与传播为视角》,张祎凡的《"禅茶"的内涵及其民俗文化学研究》,丁氏碧娥(释心孝)的《禅茶一味》,都是禅茶文化传播、研究领域的力作。

禅院清规与茶礼的研究是第五届禅茶文化论坛的主题,会后编印出版的《禅茶:清规与茶礼》论文集,收录了一些高质量、有价值的论文,文章从禅院清规茶礼记载和日本流传的禅寺"开山祭"茶礼切入,就径山茶宴从理论概念到内容形式进行了深入探讨,是迄今对禅院茶礼研究比较直接而深入的研究论文。

对径山茶宴的研究不断深入。鲍志成相继发表《论径山茶宴及其传承与流变》《径山茶宴的主要特征和人文价值》《从"禅院茶礼"到"日本茶道"及"茶话会"》等论文，从不同角度深入探讨了径山茶宴作为禅院茶会的形态、传承和演变及其特征和价值；《密庵咸杰与"径山茶汤会"》一文，着重就径山寺高僧密庵咸杰偈诗中关于"径山茶汤会"的记载及其东传日本的墨迹和在日本茶道界享有盛誉的"密庵床"等作了探讨；另外，鲍志成还对日本茶道中使用的"神器"天目盏和天目台进行了深入的探讨，就其名称来源、形制特征、功能用途、传世遗存等问题进行了全面阐述，还第一次提出了与盏台配套使用的天目瓶、天目盘的存在，具有较高的学术价值（《宋元遗珍茶器绝品——"天目碗"的源流辨析及其与中日禅茶文化交流的关系》，《"天目台"杂考》）。棚桥篁峰、巨涛的《南宋径山万寿寺茶礼的具体形式与复原》，结合禅院清规和日本传世茶道清规，就径山寺茶礼的具体形态、主要程式以及恢复的可能性作了独到的研究。

王家斌等承担的余杭区科技局科研项目《径山茶宴原型研究》，是继径山茶宴"申遗"文本后又一个专题研究项目，该研究报告评审通过后于2010年在《中国茶叶加工》增刊（总第116期）发表。从报告全文看，主要涉及径山茶宴的由来、用茶、道具、程序、禅理真谛以及与日本茶道的关系等六个方面，梳理了相关问题既往

2009年9月1日，在径山寺客堂演示、摄制申遗专题片《径山茶宴》

的解说和成果。周永广、粟丽娟的《文化实践中非物质文化遗产的真实性：径山茶宴的再发明》对以径山寺为主的有关恢复径山茶宴的尝试和实践作了文化人类学的考察和探讨。

四是径山禅茶历史文化研究取得了丰硕成果。余杭区文史界陆续编辑出版了多部与径山禅茶历史文化有关的资料或论集，如汪宏儿主编的《径山禅茶文化》《径山图说》，唐维生主编、赵大川编著的《径山茶业图史》，汪宏儿主编、赵大川编著的《陆羽与余杭》，这些著述都有鲜明的本土特色和一定的资料价值。2015年，余杭区茶文化研究会编印的《余杭茶文化研究文集（2010—2014年）》也收录了几篇径山茶宴的专论。

这些研究成果深化了对禅院茶会的认识，提高了对径山茶宴的认知，基本厘清了径山茶宴的形式、内容和主要程式及其与日本茶道的关系，丰富了径山茶宴的地域特色和人文内涵，为恢复、保护径山茶宴提供了多维视角和参证依据。

径山茶宴的研究、恢复和保护、传承，一直受到余杭区委、区政府的高度重视。余杭区文化广电新闻出版局作为"非遗"工作的主管部门，在径山茶宴申报市、省和国家级"非遗"名录的过程中发挥了主导作用。2002年起，余杭区和径山镇每年投入50万元，举办"中国茶圣节"，建立径山茶艺表演队进行茶艺演示。2006年，余杭区投入10万元，用于对径山茶宴的深入普查、搜集资料与拍摄资料片等，并将径山茶宴列入第一批余杭区非物质文化遗产名录。2009年，径山茶宴列入第三批浙江省非物质文化遗产名录后，余杭区立即着手启动申报国家级"非遗"名录，并制定了一整套恢复和保护规划、机制及措施。

在保护规划上，一是通过深入调查，加强研究，摸清径山茶宴的历史发展脉络、礼仪程序、环境背景、茶具器皿、著名传承禅师

径山镇政府大楼木雕《径山茶宴》

等基本情况,制订工作计划。2009年的工作重点是搜集资料,基本摸清情况。开展专题调查,全面搜集、整理有关文字图片资料和实物;通过媒体广泛宣传径山茶宴精神内涵及禅茶礼仪。2010年,取得阶段性成果,建立径山茶宴资料数据库,主要是建立禅茶文化研究会;对径山茶宴进行深入调查研究,建立档案库、数据库。2011年,扩大影响,普及教育。举办中日禅茶文化学术研讨会;编写乡土教材,在中小学中进行径山茶宴等乡土文化教育。2012年成果初显,为全面恢复径山茶宴仪式做好准备。对原生态保护区径山寺进行维修,保护径山茶宴历史遗迹;筹备编纂《径山茶宴》专著。在径山镇双溪禅茶文化步行街建设"非遗"展示馆和径山文化馆，宣传展示径山茶宴的相关资料。2013年，恢复传统茶宴仪式，进行原生态保护。一是计划在径山寺建立茶宴展示厅，展示传统的径山茶宴仪式。二是保护径山茶宴举行场所——径山寺及周边环境。规划在径山寺建立禅茶文化体验中心，总投资2亿多元，占地面积21公顷。三是建立原生态保护区，恢复原汁原味的茶宴仪式。四是连续举办"中国茶圣节"等活动，以传播、弘扬径山茶宴文化的精华。2014年，在第十三届"中国茶圣节"期间，聘请鲍志成为策划主持，举办了径山茶会，探索尝试径山茶宴在社区、民间的演示展陈。2015年第十四届"中国茶圣节"期间，再次举办了径山茶宴的民间展演活动。

为实施恢复和保护规划，余杭区采取了一系列保障措施，建立管理机制，投入专项经费，以确保径山茶宴调研、恢复、保护、传承工作的正常、有序进行。在保障措施上，主要有：成立径山茶宴保护领导小组，将径山茶宴的恢复、保护列入政府工作计划，加强领导；建立保护工作机构及研究机构，专家提供具体指导；将保护资金列入地方财政预算，争取省、市经费补助，并积极吸纳社会资金；深入、全面开展调查研究，摸清径山茶宴发展脉络、环境、茶宴程序等，为有效保护打下基础；加强对径山茶宴的宣传，弘扬禅茶文化，提高知名度和影响力。

径山茶宴分布图

在管理工作机制上，建立管理机制，政府主导，分管领导总负责，制订规划，统一领导，有序开展，提供保障；建立协调机制，各相关责任部门明确职责，分工合作，同时协调专家及社会各界参与；建立考核机制，制定考核细则，把相关保护工作纳入有关部门、镇街考核内容，并实行责任追究制；建立监督机制，保证专项资金到位，专款专用，定期核查；建立传播机制，构筑传播平台，宣传径山茶宴，弘扬禅茶文化。

在经费保障上，"十二五"期间，重点对以下项目进行了扶持：全面调查、研究径山茶宴，举办禅茶文化学术研讨会，每年举办"中国茶圣节"，对原生态保护区径山寺进行修护，建立径山茶宴展示厅、编纂出版《径山茶宴》专著等，累计投入200万元。

此外，从2002年4月在径山镇双溪风景区举办首届"中国茶圣节"，在开幕式上作"茶禅一味"的艺术表演至今，"中国茶圣节"已连续举办十四届，组建了径山茶艺表演队，经常参加节日表演。2015年1月，成立径山文化研究会，进一步促进对径山禅茶文化的挖掘与研究。

主要参考文献

一、论文

庄晚芳等. 径山茶宴与日本茶道. 农史研究, 1983年第10期.

王家斌. 径山茶宴. 中国茶叶, 1984年第1期.

姚国坤. 茶宴的形成与发展. 中国茶叶, 1989年第1期.

陈汉亮. 茶宴·茶道·茶话会. 茶业通报, 1989年第3期.

孙　机. 中国茶文化与日本茶道. 1994年12月16日在香港茶具文物馆的演讲稿.

滕　军. 茶道与禅. 农业考古, 1995年第38期.

张家成. 中国禅院茶礼与日本茶道. 世界宗教文化, 1996年第3期.

韩希贤. 日本茶道与径山寺. 农业考古, 1996年第2期.

熊仓功夫. 日本的茶道. 农业考古, 1997年第48期.

丁以寿. 日本茶道草创与中日禅宗流派关系. 农业考古, 1997年第2期.

王家斌. 浙江余杭径山——日本"茶道"的故乡. 中国茶叶加工, 1998年第2期.

沈冬梅. 宋代的茶饮技艺. 中国史研究, 1999年第4期.

张清宏. 径山茶宴. 中国茶叶, 2002年第5期.

杨之水. 两宋茶诗与茶事. 文学遗产, 2003年第2期.

陆文宝. 试析径山之历史文化底蕴. 东方博物, 2004年第1期.

张依秋. 茶宴文化源远流长. 东方药膳, 2006年第9期.

尹邦志. 茶道"四谛"略议. 成都理工大学学报（社会科学版）, 2007年第3期.

赵大川. 南宋杭州与日本的茶禅文化交流. 杭州研究, 2007年第2期.

法 缘. 日僧圆尔辩圆的入宋求法及其对日本禅宗的贡献与影响. 法音, 2008年第2期.

郭万平. 日僧南浦绍明与径山禅茶文化. 浙江工商大学学报, 2008年第2期.

郭万平. 来宋日僧南浦绍明在径山事迹考述. 浙江工商大学学报, 2008年第2期.

阮浩耕. 试碾露芽烹白雪——宋代径山茶的品饮法小考. 茶叶, 2009年第1期.

丁氏碧娥（释心孝）. 禅茶一味. 福建师范大学2009年博士论文.

吕洪年. 日本茶道追溯与径山茶宴探寻. 杭州研究, 2009年第2

期.

　　鲍志成. 径山茶宴申报国家非物质文化遗产报告（包括"申遗"专题片），2009年9月.

　　鲍志成. 径山茶宴的主要特征和人文价值. 茶博览，2010年第1期.

　　吴步畅. "径山茶宴原型研究"项目通过验收. 茶叶，2010年第4期.

　　吴步畅. "径山茶宴原型研究"项目验收. 中国茶叶，2010年第12期.

　　陆文华等. 日本史料证实径山茶宴为日本茶道之源. 中国茶叶，2010年第2期.

　　王家斌等. 径山茶宴原型研究. 中国茶叶加工，2010年增刊（总第116期）.

　　陆文华. 日本史料实证径山茶宴为日本茶道之源. 杭州日报，2010年1月26日.

　　屠水根. 径山禅茶的历史文化和发展前景. 中国茶叶加工，2010年第2期.

　　张祎凡. "禅茶"的内涵及其民俗文化学研究. 华东师范大学2010年硕士论文.

　　鲍志成. 径山古刹话茶宴. 文化交流，2012年第3期.

姜艳斐. 宋代中日文化交流的代表人物——无准师范. 浙江大学日本文化研究所硕士论文, 1999年2月.

空谷道人. 径山茶宴中国茶禅文化的典范. 旅游时代, 2012年第5期.

侯巧红. 论中日茶道文化的意境与精神气质. 河南社会科学, 2012年第9期.

鲍志成. 宋元遗珍茶器绝品——"天目碗"的源流辨析及其与中日禅茶文化交流的关系. 茶都, 2012年第2期.

鲍志成. 论径山茶宴及其传承与流变. 沈立江主编, 茶业与民生——第十二届国际茶文化研讨会论文精编. 杭州: 浙江人民出版社, 2012年.

沈学政. 历史视野下的中国茶会文化的传播与发展. 农业考古, 2013年第2期.

耿海. 径山茶宴法传千年. 食品指南, 2013年第10期.

棚桥篁峰, 巨涛. 南宋径山万寿寺茶礼的具体形式与复原. 农业考古, 2013年第2期.

释法涌. 抹茶与径山茶宴. 茶博览, 2013年第6期.

鲍志成. "天目台"杂考. "天目"国际学术研讨会论文集. 北京: 中国文史出版社, 2015年.

鲍志成. 密庵咸杰与"径山茶汤会". 第八届世界禅茶文化交流

大会学术论文集，2013年.

段　莹. 茶会的起源与发展概述. 茶叶通讯，2014年第2期.

吴茂棋. 宋代的水磨茶生产. 茶叶，2014年第1期.

周永广，粟丽娟. 文化实践中非物质文化遗产的真实性：径山茶宴的再发明. 旅游学刊，2014年第7期.

中村修也. 从"四头茶礼"看吃茶的意义. 禅茶：清规与茶礼. 北京：人民出版社，2014年.

石井智惠美著，金美林译. 斋坐"四头"中的料理与点心，同上.

刘淑芬. 禅院清规中所见的茶礼与茶汤，同上.

祢津宗伸著，关剑平译. 大鉴清规中的吃茶与吃汤，同上.

肖　勤，赵大川. 茶宴东传孕茶道. 余杭茶文化研究文集（2010—2014年）.

姚国坤. 径山茶礼对日本茶道形成的影响，同上.

滕　军. 南宋、元时期的中日茶文化交流，同上.

鲍志成. 从"禅院茶礼"到"日本茶道"及"茶话会"，同上.

棚桥篁峰. 南宋径山万寿寺茶礼的具体形式与复原，同上.

二、专著

南浦绍明述，祖照等编. 《圆通大应国师语录》.

高楠顺次郎. 《大正新修大藏经》，1926年.

福山岛，俊翁. 大宋径山佛鉴无准禅师. 佛鉴禅师七百年远讳局，1950年．

吉野孝利主编，圣一玉涉．圣一国师诞生800年纪念事业实行委员会，2002年．

荻须纯道．日本中世禅宗史．东京：木耳社，1965年．

村井康彦．《茶文化史》．东京：岩波书店，1979年．

曾根俊一主编．静冈茶の元祖——圣一国师．静冈县茶业会议所，1979年．

师　蛮．本朝高僧传．名著普及会，1979年．

木宫泰彦著，胡锡年译．日中文化交流史．北京：商务印书馆，1980年．

印　顺．中国禅宗史．南昌：江西人民出版社，1990年．

沈冬梅．茶与宋代社会生活．北京：中国社会科学出版社，1991年．

俞清源．径山史志．杭州：浙江大学出版社，1995年．

俞清源．径山祖师传略（内部资料）．

杨曾文．日本佛教史．杭州：浙江人民出版社，1995年．

杨曾文，[日]源了圆主编．中日文化交流史大系．杭州：浙江人民出版社，1996年．

张晓虹．日本禅．杭州：浙江人民出版社，1997年．

滕　军．中日茶文化交流史．北京：人民出版社，2004年．

裘纪平．宋茶图典．杭州：浙江摄影出版社，2004年．

沈生荣主编,赵大川著. 径山茶图考. 杭州:浙江大学出版社, 2005年.

汪宏儿主编. 径山禅茶文化.《径山图说》. 杭州:西泠印社出版社, 2010年.

关剑平主编. 禅茶:历史与现实. 杭州:浙江大学出版社, 2011年.

胡建明. 宋代高僧墨迹研究. 杭州:西泠印社出版社, 2011年.

唐维生主编,赵大川编著. 径山茶业图史. 杭州:杭州出版社, 2013年.

汪宏儿主编,赵大川编著. 陆羽与余杭. 杭州:西泠印社出版社, 2014年.

关剑平主编. 禅茶:清规与茶礼. 北京:人民出版社, 2014年.

杭州市余杭区茶文化研究会编. 余杭茶文化研究文集(2010—2014年)(内部资料). 2015年.

三、古籍

[宋]宗　颐. 重雕补注禅苑清规. 续藏经,第111册.

[宋]潜说友. 咸淳临安志. 清道光钱塘振绮堂仿宋本重刊本.

[宋]审安老人. 茶具图赞(外三种). 杭州:浙江人民美术出版社, 2013年.

[宋]蕴闻编. 大慧普觉禅师语录. 径山万寿禅寺印行本.

［宋］张镃编. 密庵禅师语录. 大藏经, 诸宗部第1999部.

［明］宋奎光. 径山志. 中国佛寺史志汇刊（1994）, 第一辑第31册. 宗青图书出版公司印行.

后记

　　径山为天目山余脉，山不高却名震东南，流播东瀛，堪称是一座文化名山。何以故？径山寺开山一千二百余年，临济宗风泽被江南，别传扶桑，禅茶文化传扬东亚乃至世界，所以"山不在高，有仙则名"真不是虚言妄语。

　　我与径山可谓因缘凤植。自从第一次随浙江省佛教协会允观法师上山送经书法宝至今近二十年来，上下往来不知其数，而自2009年受余杭区文化广电新闻出版局委托起草径山茶宴申请国家级非物质文化遗产名录文本以来，更开始了对径山禅茶历史文化的研究。作为历史文化学者，我在佛教史、茶文化史和中日文化交流史方面的积累，可能对完成这个带有很大研究性和挑战性的项目颇有帮助。不过，在申遗专题片的摄制过程中，我还是体会到了从文本到视频的艰难，其中的艺术创作不亚于学术研究和文本撰写。其后我还配合有关部门领导，专程前往北京参加中国艺术研究院专家的项目评审。坦率地说，径山茶宴只闻其名却不见经传，不同于其他传承有序，看得见、摸得着的"非遗"项目，能否过五关斩六将最后列入国家级非物质文化遗产名录，我是持保留态度的。庆幸的是，2011年国家公布第三批"非遗"名录时，径山茶宴赫然在列，经媒体报道，一时间成为文化热点，而禅茶文化的研究也逐渐成为茶文化界的一大热点，这当中有关部门付出了很大的努力，我也甚感欣慰，起草、摄制过程中的一些烦累、艰辛也就释然了。

其后，我一直关注禅茶文化的研究，也开始以恢复宋元禅院茶礼为依归的文献研究和艺术创作，陆续发表了一些与径山茶宴有关的论文。2013年，余杭区文化部门和径山镇表示要恢复陈列展示径山茶宴，我多次前往开会、交流。针对有些企业要以此项目搞旅游开发等情况，提出国家级"非遗"项目政府主导、明确主体、分步实施、全民共享等原则，同时还多次接洽径山寺、径山镇等有关单位和企业，充分交流沟通，避免出现不必要的分歧。我知道径山寺近些年也举办过径山茶宴的研究和演示活动，专程去征询住持释戒兴法师的意见，他表示寺院正在复建，茶宴将来再搞，社会上要搞也可以，肯定会有所不同。2014年，余杭区文化广电新闻出版局非遗办王祖龙主任多次联系我，请我承担"浙江省非物质文化遗产代表作丛书"之一《径山茶宴》的撰写，同时与径山寺、径山镇协商启动展陈径山茶宴项目的编创、排演事宜，聘我为指导专家。为此，我又在百忙中梳理了有关研究成果和资料，完善了《径山茶宴》的脚本方案，制订了编创计划。2015年初，在有关部门的牵线下，我还与有关企业达成协议，准备在2015年上半年合作创排"展陈版"径山茶宴。也许这个项目本身就存在太多的研究性、原创性及不确定性，也许是有关方面对项目性质和潜在价值等存在认识差异，也许是佛家所说的机缘还没有成熟，此事未能如约进行。但是《径山茶宴》仍按计划编著，在2015年盛夏季节完稿，这大概也算是因缘还在吧。

本书在申遗文本的基础上吸收了自己和学界近些年来的新发现和新成果，可以说是对径山茶宴的一次全面梳理和完整认识。虽然这本书被定性为普及性读物，但我感觉写作过程与学术著作一样难。因为它不是简单的记录、描述，而是要进行大量严谨的学术研究，在充分掌握资料和观点的基础上，进行必要的通俗表达和艺术创作。好在它千呼万唤终于出来了，虽然相对于原真的径山茶宴而

　　言，它还是"犹抱琵琶半遮面"，但毕竟有了一个较为全面、系统的轮廓。当然，这还远不是佛家所说的"修成正果"，而只是一盏"粗茶"或"粗汤"。随着禅茶文化的深入研究，随着茶文化艺术的不断创新发展，既有历史依据、禅院风格，又有时代特征、地方特色，具有文化内涵、艺术品格、法事程式、宗教余韵的径山茶宴、茶会、茶礼，一定会重现在世人面前。

　　《径山茶宴》在撰写过程中得到诸多人士的关注、支持和帮助。在此，我要向径山历史文化研究的拓荒者俞清源先生（1929—2010）表示敬意；向余杭区文广新局非遗中心主任王祖龙、径山镇文体中心原主任陈宏表示感谢；还要向参与书稿评审、给予诸多指导的中国国际茶文化研究会学术委员会副主任姚国坤研究员，浙江大学人文学院吕洪年教授和浙江省非遗保护专家委员会委员陈顺水先生等表示衷心的感谢！

鲍志成

乙未夏日

责任编辑：唐念慈

装帧设计：薛　蔚

责任校对：高余朵

责任印制：朱圣学

装帧顾问：张　望

图书在版编目（ＣＩＰ）数据

径山茶宴 / 鲍志成编著. -- 杭州 ：浙江摄影出版社，2016.12（2023.1重印）

（浙江省非物质文化遗产代表作丛书 / 金兴盛总主编）

ISBN 978-7-5514-1662-7

Ⅰ.①径… Ⅱ.①鲍… Ⅲ.①茶文化—杭州 Ⅳ.①TS971.21

中国版本图书馆CIP数据核字(2016)第311027号

径山茶宴

鲍志成　编著

全国百佳图书出版单位

浙江摄影出版社出版发行

　　地址：杭州市体育场路347号

　　邮编：310006

　　网址：www.photo.zjcb.com

制版：浙江新华图文制作有限公司

印刷：廊坊市印艺阁数字科技有限公司

开本：960mm×1270mm　1/32

印张：7

2016年12月第1版　　2023年1月第2次印刷

ISBN 978-7-5514-1662-7

定价：56.00元